감수자 **신혜우**

그림 그리는 식물학자, 식물을 연구하는 화가로 대중과 소통하고 있다. 식물분류학으로 박사학위를 받고 미국 스미소니언 환경연구센터의 연구원을 거쳐 현재 서대문자연사박물관에서 일하고 있다. 식물 [illegible] 같은 전통적인 연구부터 식물 DNA바 [illegible]신 연구들을 수행 중이며, 식물생태 [illegible]하고 있는 신진연구자다. 영국왕립원 [illegible]회에서 2013, 2014, 2018년 참여하여 모두 금메달을 [illegible] 최고전시상 트로피와 심사위원스페셜 트로피를 받았다. 영국왕립원예협회 역사상 참여하여 연속 모두 3번의 금메달과 트로피를 수상한 유일한 작가다. 영국왕립원예협회, 미국 카네기멜론대학교, 환경부 국립생물자원관 등에 다수의 그림이 컬렉션으로 선정된 바 있으며, 전시 외에 식물상담소, 강연, 어린이 교육 등 국내외 다양한 활동을 수행하고 있다.

홈페이지: www.hyewoo.com
웹사이트: www.instagram.com/hyewoo.plant

삽화 **그리샤 피셔** Grisha Fischer

식물,
세계를 모험하다

식물,
세계를 모험하다
L'incredibile viaggio delle piante
혁신적이고 독창적인 전략으로
지구를 누빈 식물의 놀라운 모험담
스테파노 만쿠소 지음 | 임희연 옮김
신혜우 감수 | 그리샤 피셔 삽화
더숲

일러두기

1. 본문 속 '식물 지도'는 식물의 학명이나 속명 등을 통해 만들어낸 독창적인 세계로, 실제 지명과 다를 수 있습니다.
2. 이 책에 등장하는 식물명은 산림청 국립수목원에서 제공하는 국가표준식물목록과 환경부 국립생물자원관 국가생물종목록을 우선적으로 살피되, 일반적으로 통용되는 표기가 있을 경우 이를 참조하였습니다.
3. 이 책에 수록된 작품의 제목은 국내 번역본으로 표기하되, 번역되지 않은 작품의 경우 원서 제목을 기반으로 번역했습니다.
4. 작가가 쓴 원주(原註)와 감수자의 의견은 본문 하단의 각주로 구성하되, 감수자 의견의 경우 끝에 '감수자'를 덧붙였습니다. 옮긴이의 부연 설명이 담긴 역주(譯註)는 본문 속에 넣고 양 괄호를 [ ]로 표시하였습니다.

부모님 그리고

로사리아Rosaria와

프랑코Franco에게

프롤로그

제임스 스튜어트가 조지 베일리 역을 멋들어지게 연기한 프랭크 카프라Frank Capra 감독의 걸작 〈멋진 인생It's a Wonderful Life〉을 아는가? 여러분도 한 번쯤 보면 좋을 영화다. 영화의 줄거리는 아주 단순한데, 주인공 조지 베일리가 자신의 꿈과 희망을 포기하고 평생 타인을 도우며 살아가는 이야기다.

베일리는 어릴 적 호수에 빠진 동생 해리를 구하려다 중이염에 걸려 한쪽 귀의 청력을 잃는다. 성년이 된 후에는 자신의 꿈을 접고 아버지가 설립한 소액 대출회사를 물려받아 운영한다. 대학 진학도 포기한 채 그동안 저축한 돈을 동생 해리의 학비에 보태던 그는 1929년 결혼하는데, 결혼한 그해에 월가 대공황이 일어났다. 경제 공황으로 마을 사람들이 어려움에 처하자, 베일리는 협동 조합원들이 파산하지 않도록 자신의 신혼여행 경비를 내어주기도 한다.

이루지 못한 꿈에 대한 갈망과 계속되는 악재로 괴로워하던 베일리는 크리스마스날 밤 자살을 결심한다. 베일리가 강물에 몸을 던진 찰나, 하늘나라 2급 천사 클레런스가 그를 구한다. 자신은 태어나지 말았어야 했다는 베일리의 말에 클레런스는 그가 태어나지 않았다면 세상이 어땠을지 보여준다.

나도 안다. 이 영화에서는 웃지 못할 상황들이 펼쳐진다. 카프라 감독은 여기에 훈훈한 크리스마스 스토리를 녹여내 영화 역사상 한 획을 그었다. 이 크리스마스 영화 이야기를 하고 나니 한 번 더 보고 싶은 마음이 든다. 12월 25일까지 못 기다릴 것 같다.

그렇다. 우리가 사는 이 행성의 조지 베일리는 바로 식물이다. 그 누구도 그것을 알아차리지 못하고 연구하지 않았지만 말이다. 식물이 얼마나 존재하는지, 어떤 기능을 하는지, 어떤 특징이 있는지조차 알지 못한다. 우리가 식물에 대해 아는 것은 빙산의 일각일 뿐이다. 그러나 식물 없이는 우리 삶을 영위하는 것 자체가 불가능할지도 모른다. 이 영화의 주인공이 식물이라면 어땠을까? 아마 그 식물이 태어나지 않았더라면 이 세상이 어떻게 될지를 적나라하게 보여주는 교훈적인 영화가 되었을 것이다.

우리가 식물에 대해 아는 것은 매우 적은데, 그것조차도 몇몇은 잘못된 정보다. 우리는 식물이 주변 환경을 인식하지 못한다고 생각하지만, 실제로 식물은 동물보다 더 민감하게 주변 환경을 인식한다. 나아가 식물의 세상은 의사소통이 없어 조용할 거라 확신하지만, 이와는 반대로 식물은 자기 의견을 확실히 전달하는 존재다. 또 식물은 어떤 사회적 유대 관계도 맺지 않는 존재라고 확신하지만, 사실은 철저한 사회적 유기체다. 무엇보다도 우리는 식물이 움직일 수 없다고 단정한다. 물론 식물은 움직이지 못한다. 이건 눈으로 봐도 알 수 있다. 이동성을 갖춘 동물 유기체와 식물 유기체의 가장 큰 차이점이 정확히 여기에 있지 않은가?

글쎄, 우리는 잘못 알고 있다. 식물은 가만히 있지 않는다. 그들은 먼 곳까지 이동한다. 단지 시간이 오래 걸릴 뿐이다. 식물이 움직일 수는 없지만, 적어도 그들의 생애 동안 이동할 수는 있다. 식물을 정의하는 형용사는 실제로 '움직여서는 안 되는'이 아닌 '원하는 곳에 뿌리를 내리거나 고착할 수 있는'이 되어야 한다. 고착성 유기체는 자신이 태어난 곳에서 이동할 수 없지만, 식물은 자신이 원하는 만큼 이동할 수 있다. 그것이 바로 식물이 하는 일이며 누구든 지금 인터넷에 있는 수천 개의 동영상을 살펴봄으로써 그것을 확인할 수 있다.

식물은 개별 개체의 생애 동안에는 이동할 수 없지만, 수대에 걸쳐서는 가장 먼 땅, 가장 접근하기 어려운 지역, 극도로 열악한 지역을 정복할 수 있었다. 나는 그들의 완고한 태도와 적응력에 부러움을 느낀 적이 한두 번이 아니다.

내가 항상 주장해왔듯이 식물은 동물과 엄청나게 다른 존재다. 그들의 몸과 구조 그리고 전략은 종종 동물과 정반대다. 동물에게는 하나의 지휘본부가 있다면, 식물은 다심성多心性이다. 동물에게는 단일 또는 이중 기관이 있다면, 식물의 기관은 널리 퍼져 있다. 동물은 나눌 수 없다는 의미에서 개별 개체라면, 식물은 군락[같은 생육 조건에서 떼를 지어 자라는 식물 집단]과 흡사하다. 요컨대 동물에서는 단수에 중점을 두는 반면, 식물에서는 복수에 중점을 두는 것으로 보인다. 동물에는 개별 개체가, 식물에는 집단(한 개체가 가진 다수의 기관)이 더 중요하다. 따라서 우리와 다른 유기체를 볼 때는 유사성이 아닌 이해력의 렌즈를 끼고 관찰해야 한다. 식물을 마치 절름발이 동물처럼 본다면 식물을 절대 이해할 수 없을 것이다. 식물은 동물보다 덜 발달한 존재도, 더 단순한 존재도 아닌 다양한 삶의 한 형태다.

동물 필터를 제거한 눈으로 식물을 바라보면, 식물의 특별한 점들이 아주 선명하게 보일 것이다. 이동 능력처럼 가능성이 거의 없는 부분에서도 그들의 특징이 분명하게 드러난다. 식물의 이주에 대해 말할 때, 그것이 막을 수 없는 현상임을 이해하기 위해서는 식물 연구가 필요하다. 식물은 자손 대대로 포자, 씨앗 또는 다른 수단을 이용해 세상의 새로운 공간을 정복하기 위해 이동 전진한다. 양치류는 수천 킬로미터까지 바람에 실려 운반될 수 있는 천문학적 양의 포자를 여러 해에 걸쳐 방출한다. 자연으로 퍼뜨리는 씨앗의 수와 확산 도구의 다양성은 놀랍기 그지없다.

진화 과정에서 식물은 모든 가능성을 고려한 것처럼 보인다. 일부 식물은 경험을 통해 확인된 확산 방법을 채택하여 실천에 옮길 만반의 준비를 하고 있다. 말하자면 씨앗은 바람에 실리거나 땅 위를 구르거나 동물 털에 붙어 흩어지기도 하고 여러 동물이나 곤충류·조류·포유류 같은 특정한 동물군에 의해 흩어지기도 한다. 특히 씨앗을 섭취한 동물이 씨앗을 퍼뜨리는 역할을 하기도 한다. 이외에도 모체(어미나무)에서 떨어지거나 열매의 건조 또는 물 등 다양한 추진 메커니즘에 의지하여 씨앗을 확산한다. 확산 방법이 얼마나 많은지 다 기억하지 못할 정도다. 매년 우리는 씨앗 발아 가능성을 높이기 위해 식물이 개발한 다양하고 세련된 전략을 발견한다. 다양한 방법과 절차 및 수단들을 통해 생명의 확산을 향한 식물의 끊임없는 추진력을 엿볼 수 있다. 식물은 이를 통해 지구상의 모든 가능한 환경을 식민지화해 나갔다.

막을 수 없는 이러한 식물의 팽창 역사는 대부분 알려지지 않았다. 식물이 어떻게 전 세계로 씨앗을 운반하도록 동물을 설득하는지, 식물이 확산하는 데 어떤 특별한 동물이 필요한지, 어떻게 접근할 수도 견딜 수도 없는 장소에서 성장하다 결국 고립되어 외로이 생존할 수 있었는지, 원자폭탄과 체르노빌 대참사에 어떻게 저항했는지, 무인도에서 어떻게 생명력을 얻었는지, 어떻게 지질시대를 넘나들며 여행에 성공할 수 있었는지, 전 세계를 어떻게 항해했는지에 대해서 말이다. 이러한 것들은 앞으로 시작할 이야기의 일부다. 시간의 개척자, 도망자, 베테랑, 전투원, 은둔자, 지질시대 여행자들의 이야기가 우리를 기다리고 있다. 자, 그럼 이제부터 함께 식물의 이야기에 빠져보자.

감수의 글

스테파노 만쿠소는 식물생리학과 식물행동학 분야를 중심으로 식물학 다방면에서 활발한 연구를 진행하고 있는 식물학자입니다. 이탈리아 피렌체대학교의 교수로 국제식물신경생물학연구소 LINV(International Laboratory of Plant Neurobiology)를 이끄는 수장이면서도 대중을 위한 식물학 이야기를 쉽게 풀어내어 소통하고 있습니다.

만쿠소의 책 중 일부는 이미 국내에 번역되어 많은 독자의 사랑을 받았습니다. 그의 연구소 이름 중 'Plant Neurobiology'에서 'Neurobiology'는 신경생물학으로, 동물의 뇌와 신경계를 연구하는 학문으로 흔히 받아들여집니다. 식물에게는 뇌와 신경계가 없음에도 그의 연구소 이름을 직역하면 식물신경생물학연구소인 것이죠. 만쿠소의 이야기들은 그의 연구소 이름처럼 식물에 대한 역발상을 불러일으키며 우리 인간이 가질 수밖에 없는 편견들을 뒤집습니다. 《식물, 세계를 모험하다》에는 한 자리에서 이동하지 못하는 '식물'과 이리저리 돌아다닌다는 의미의 '여행'이라는 색다른 조합이 담겨 있습니다. '식물은 이동하지 못한다'라는 우리의 예상을 뒤엎듯 흥미진진한 식물의 여행 이야기를 예상치 못한 역사적 사건들과 함께 소개합니다.

코로나시대에 여행을 자제하고 온실 속 식물처럼 조심조심 살고 있는 우리는 자유롭게 여행하던 코로나 이전을 그리워하고 있습니다. 머지않아 코로나시대가 끝나고 자유롭게 여행하는 날이 왔을 때 이 책을 읽은 독자는 이전과 다른 새로운 여행을 할 수 있으라 생각합니다. 식물은 우리에게 여행의 방법과 의미를 되새기게 합니다. 여기에 소개된 식물들은 인간보다 더 광범위하고 오래 여행하였으며, 가끔은 여행지에 완전히 정착하다 못해 그곳을 점령해 버리기까지 합니다.

이 책의 원서는 이탈리아어로, 저는 식물학자로서 우리말로 옮긴 번역본을 토대로 식물학적인 면을 감수하였습니다. 한글 번역본에서 오류가 등장하는 경우 원서를 다시 확인하였습니다. 다수의 논문을 출판하고 오랫동안 식물학을 연구한 식물학자인 저자의 입장에서 식물학적인 부분에 정확성을 높이도록 노력하였습니다. 한편으로 대중이 읽어 뜻을 쉽게 이해할 수 있도록 어려운 전공용어나 한글용어가 없는 몇몇 용어들은 그대로 사용하지 않고 풀어서 쓰기도 하였습니다.

만쿠소가 들려주는 식물의 여행 이야기는 어느새 우리와 식물 간의 상호 작용과 인생에 대한 철학으로 생각의 저변을 넓힙니다. 그리고 우리가 지구에 살아가면서 만나는 많은 생물을 존중하는 방향으로 자연스럽게 길을 안내합니다. 단순한 지식 쌓기가 아닌 소중한 생물 친구들을 떠올리기를 바라는 마음으로, 이 책을 권합니다.

신혜우

Rhamnus
Acanthus
Liliaceae
Adonis Ocean
Allium

itex
Julibrissin
Agnus
alea
costus
acantha
Adonis
Ocean
Pumice
coccinea
Ageratum
Oxalis Sea
um

1장
개척자이자 전투원이자 생존자인 식물들

2장
도망자들, 새로운 영토를 정복하다

3장
바다를 누빈 용감한 선장들

4장

시간을 여행하는 나무들

5장

세상에서 가장 외로운 나무들의 생존법

6장

멸종 동물에게 생존을 맡긴 시대착오자들

개척자이자 전투원이자 생존자인 식물들

1장

목 말피기목 | **과** 버드나뭇과 | **속** 버드나무속 | **종** 수양버들 | **학명** *Salix babylonica* | **원산지** 중국 | **유럽에서의 첫 출현** 17세기

내게 '개척자'라는 단어는 미국 서부시대의 모험극과 대서사시를 떠오르게 한다. 많은 사람이 나와 크게 다르지 않을 것이다. 누군가 개척자라는 단어를 말할 때면, 반사적으로 내 기억 속의 스위치가 켜지듯 〈서부 개척사How The West Was Won〉(1962년) 출연진의 얼굴이 하나하나 떠오른다. 그레고리 펙에서 존 웨인, 제임스 스튜어트, 엘리 웰라치, 리처드 위드마크, 리 반 클리프, 헨리 폰다, 데비 레이놀즈 그리고 굴곡진 큰 코가 매력인 칼 말든까지 놀랍도록 화려한 캐스팅이었다. 내게 개척자란 이탈리아 출신의 뛰어난 모험소설

* 원서에는 문, 강 수준까지 표기되어 있으나, 이 부분은 현재 미분류 상태로 남아 있어 표기가 무의미하다고 판단되어, 이를 바로잡음—감수자.

N

S

O

Angilops Islands

Aster cap

Aquilegia Coast

Halimione Village

Alkanna City

Argonetta beach

Tripolium City

Antorium

Azerolus town

Aspidistria

Anemone river

Crataegus beach

Port Anacamptis

Malvarosa

Nenuphar Harbour

Port Ciclamen

Ailanto cap

Agerato City

작가인 에밀리오 살가리Emilio Salgari와 서부영화를 의미한다. 그것 말고는 딱히 연상되는 게 없다. 몇몇 사람은 개척자라는 단어를 들으면 고대로부터 군대가 나아갈 길을 닦고 새로운 진영을 마련하는 일을 맡았던 전문 부대를 떠올릴 것이다. 하지만 이 단어를 식물과 연관 짓는 사람은 거의, 아니 어쩌면 아무도 없을 것이다.

이것은 너무 불공평한 일이다. 개척자 하면 서부영화의 할리우드 스타나 전쟁 영웅 대신 식물이 가장 먼저 떠오르는 존재가 되어야만 한다. 청소년들이 존경하는 영웅들에게는 미안한 말이지만, 식민지화 능력 면에서는 그 어떤 유기체 그룹도 식물을 따라올 수 없다. 개척자라는 단어에 다른 생명체의 식민지화를 위한 터를 닦는 유기체라는 의미를 포함한다면 더더욱 그러하다. 이런 의미에서 식물은 탁월한 개척 유기체로 간주해야 한다. 지구상에서 식물이 뿌리를 내릴 수 없어 살지 못하는 환경은 존재하지 않는다. 현재 식물은 광합성을 할 수 있는 가장 광범위한 유기체로 여겨진다. 극지방의 빙하에서 불같이 뜨거운 사막, 대양에서 가장 높은 산봉우리에 이르기까지 식물은 이미 이 모든 곳을 정복했으며 기회가 생길 때마다 계속해서 정복을 이어나가고 있다.

많은 사람이, 느리긴 하지만 끊임없이 새로운 영토를 정복하거나 이보다 자주 기존의 서식 지역을 탈환하고 단기간에 모든 지형을 장악할 수 있는 식물의 놀라운 능력을 관찰했다고 확신한다. 여러 해 전, 피렌체대학교 과학센터에 있는 내 실험실에서 그리 멀지 않은 곳에 군 보급기지가 있었다. 잦은 군 조직 개편으로 어느 날 갑자기 그곳에서 군 보급기지가 철수되었고, 이후 그곳은 하루가 다르게 폐허가 되어갔다. 내 실험실과 가까워 오래전부터 이곳에 눈독을 들이고 개인적으로 관찰 · 연구해왔다. 나는 그곳이야말로 혁신적인 도시 농업을 연구하고 실험하기에 더할 나위 없이 훌륭한 구조이자 세밀하고 주의 깊게 식물의 발달을 추적하기에 적격인 곳이라 생각했다. 오래전부터 나는 그곳을 실험실로 만들고 싶은 바람이 있었다. 못내 미련이 남아 한번은 그곳에 식물들을 옮겨 심고 자라는 속도와 효율성을 살펴본 다음, 어느 정도까지는 식물의 소유권을 주장하려는 전략을 짜보기도 했다. 그렇게 돌보지 않은 채 2년의 세월이 흐르자, 그곳의 막사 벽 전체는 20종이 넘는 다양한 식물들로 뒤덮였다. 거기에는 케이퍼*Capparis spinosa*, 금어초*Antirrhinum majus*, 파리에타리아 유다이카*Parietaria judaica*[개물통이속의 종], 돌좀고사리*Asplenium ruta-muraria**가 포함되어 있었는데, 이곳으로 말할 것 같으면 무궁무진한 스토리를 풀어낼 작은 식물원 안의 수직구조 전시회나 다름없어 보였다.

벽의 바닥면과 도로가 접하는 곳에서는 가죽나무*Ailanthus altissima*와 참오동나무*Paulownia tomentosa* 같은 실한 수목 식물들이 힘차게 쭉쭉 뻗어나가고 있었다. 오동나무는 몇 년 전 내가 심은 씨앗이 발아된 게 확실하다. 내 실험실 주위에 우뚝 솟아 있는 이 나무가 너

* 꼬리고사리속 학명인 아스플레니움*Asplenium*은 비장脾腸을 뜻하는 그리스어 스플렌splen에서 유래했다. 고대에는 실제로 이 양치류가 비장 질환 치료제로 사용됐다. '실존적 권태'에 가장 예민하게 반응했던 시인 샤를 보들레르Charles Baudelaire로 인해 유명해진 단어 '우울spleen' 역시, 비장이라는 단어에서 파생했다. 히포크라테스의 사체액설에 따르면, 비장에서 만들어지는 검은 담즙은 불안, 우울 및 권태로 이어질 수 있다. 이로 미뤄볼 때, 아스플레니움속의 작은 양치류가 우울(증)spleen 치료에 적합하다는 것을 알 수 있다.

무나 사랑스럽다. 가죽나무와 참오동나무는 단시간에 우람하게 자라서 둘레벽의 상당 부분을 무너뜨리면서 사방에서 솟아올랐다. 도로의 아스팔트 균열 틈바구니에서 움이 튼 무화과나무*Ficus carica*는 이제 초소의 두꺼운 벽면을 완전히 뒤덮을 만큼 웅장한 나무가 되었다. 그 후 서양메꽃*Convolvulus arvensis*이 나타나 이곳의 모든 것을 조금씩 덮기 시작했고, 이어서 그 누구도 막을 수 없는 히치하이커 우엉*Arctium lappa*이 등장한 것이 확실해 보였다. 군 보급기지가 방치된 지 15년이 흐른 지금도 철근 콘크리트 건물, (공격을 물리칠 수 있을 것으로 보이는) 광장, 거대한 금속 탱크 등 몇몇 구조물은 식물의 맹공격에 끝까지 버티고 있다. 이들은 십수 년간 식물의 정복에 끈질기게 맞서다가 최근에 이르러서 투항의 조짐을 보이기 시작했다. 식물은 단시간 내에 불모지로 보이던 지역을 탈환하려는 목적을 달성했다. 이는 확실히 괄목할 만한 성공이지만 그들이 주연을 맡았던 위대한 정복 서사시에 비하면 아무것도 아니다.

01
신생 화산섬 쉬르트세이의 개척자

1963년 11월 초, 아이슬란드 남쪽 해안에서 100킬로미터 떨어진 수심 약 130미터의 북대서양 해저 화산이 분화하면서 시뻘건 마그마를 분출하기 시작했다. 얕은 해저에서 발생한 물기둥의 수압과 밀도로 인해 화산 폭발과 분출은 억제되거나 소멸되었다. 시간이 흐를수록 용암 축적 과정이 반복되고 해수의 가열로 생긴 수증기까지 더해져 심한 폭발이 잦았다.

11월 6일부터 8일까지 아이슬란드 키르큐바이야르클라우스투르Kirkjubæjarklaustur의 지진 관측소는 레이캬비크에서 남동쪽으로 140킬로미터 지점에서 진도 1의 약한 지진이 연속적으로 발생하는 것을 감지했다. 11월 12일, 해안 도시 비크Vík의 주민들은 온종일 코를 찌를 듯이 역한 황화수소 냄새에 시달렸다. 11월 13일, 우수한 성능의 온도계측 장치가 설치된 청어잡이 어선 한 척이 해저 분화 지점의 온도가 주변 수온보다 섭씨 2.4도가량 높다는 것을 알게 되었다.

1963년 11월 14일, 협정 세계시 기준 오전 7시 15분, 항해 중이던 트롤 어선 일레이푸르Ísleifur II의 요리사가 위치를 정확히 알기 힘든 바다 한가운데 어느 지점에서 연기 기둥이 피어오르는 것을 처음 발견하고 모든 선원에게 알렸다. 선원들은 조난된 선박이 있다고 판단하고, 구조하러 가까이 다가갔다가 우연히 폭발하는 분화[1]를 접한 최초 목격자가 되었다. 같은 날 11시, 화산재가 온 바다를 뒤덮고 연기 기둥이 수 킬로미터 높이까지 피어오르며 세 분화구에서 각기 분화가 진행되었다. 그날 오후, 세 분화구는 한 차례의 폭발로 하나의 분화구로 합쳐졌다. 그로부터 며칠이 지나 좌표상 북위 63.303도 서위 20.605도에 길이 500미터 이상, 높이 45미터의 새로운 섬이 생겨나 베스트마나에이야르Vestmannaeyjar 제도에 추가되었다.[2] 그 신생 섬은 쉬르트세이Surtsey로 명명되었는데, 이는 스칸디나비아 신화 속 불을 다루는 불의 거인 수르트르surtr에서 이름을 따온 것이다. 언젠가 수르트르가 불의 검을 휘두르며 쉬르트세이섬을 삼키러 귀환할 것이다. 분화는 1967년 6월 5일까지 계속되었다. 그 당시 쉬르트세이섬의 최대 면적은 약 2.7제곱킬로미터였다. 분화가 끝난 후에는 해양 침식이 일어나 섬의 면적이 꾸준히 줄어들어, 2012년에는 섬 면적이 이미 절반 수준(1.3제곱킬로미터)에 이르렀다.

쉬르트세이섬의 운명은 예견된 듯하다. 섬은 거친 파도의 침식작용으로 서서히 줄어들어 약 1세기 안에 자신이 태어난 물속으로 사라져버릴 것이다. 쉬르트세이섬은 짧은 생에도 불구하고 과학사에 길이 남을 만큼 충분한 가치가 있는 곳이다.

이 진귀한 자연 그대로의 천연 실험실 덕분에 최신 연구 장비와 기술을 이용해 불활성 불모지에서 완전한 생태계 조성으로까지 이어지는 섬의 모든 구성 요소에 관한 연구가 사실상 최초로 이루어졌다. 대규모 해저 분화로 새 화산섬이 만들어지는 것은 근래에 보기 드문 현상이었다. 새 화산섬의 탄생 과정을 정밀 조사한 결과, 용암이 수면 위로 올라온 이후 그 섬은 다른 해저 분출의 경우*와 다르게 일시적으로 사라질 현상이 아님을 알 수 있었다. 그리하여 과학계는 생명 정착과 성장 단계를 추적할 수 있는 장비를 갖추기 시작했다. 1965년 쉬르트세이섬은 화산 분화가 본격적으로 활발히

* 유명한 사례로 1831년 시칠리아 연안에서 해저 화산의 폭발로 생긴 페르디난데아Ferdinandea섬을 들 수 있다. 이 섬은 면적이 약 4제곱킬로미터, 높이는 65미터까지 커졌다. 하지만 섬의 수명은 길지 않았다. 크고 작은 물결에 의해 쉽게 침식되는 분출암(지상에 분출한 용암이 굳어서 이루어진 암석—옮긴이)으로 이루어진 페르디난데아섬은 1832년 1월 물속으로 사라졌다.

진행 중인 상태에서 학술연구를 이유로 자연보호 구역으로 지정되었고, 극소수의 과학자를 제외하고 일반인의 출입이 철저히 통제되었다. 화산재, 부석*浮石*[화산 분출물 중에서 지름 4밀리미터 이상의 다공질 암괴로, 속돌 또는 경석이라고도 함], 모래와 용암은 생명체에게 침략당할 날을 손꼽아 기다리고 있었다.

기다림의 시간은 그리 오래 걸리지 않았다. 분화가 연달아 진행 중일 때, 봄은 이미 와 있었고 봄이 되자 곧이어 식물들이 속속 찾아들었다. 1965년 봄, 이 섬의 첫 관다발식물[유관속식물 또는 관속식물이라고 하며 관다발이 있는 식물군을 말함]인 카킬레 아르티카*Cakile arctica*[서양갯냉이속의 종]가 쉬르트세이섬의 모래 해변에서 자라났다. 카킬레 아르티카는 놀라운 식물이다. 작은 키에 수수하고 수줍어하는 듯 생겨 외관상 주목받지 못하지만, 겉모습과는 달리 의외로 대담성을 지닌 외유내강형이다. 카킬레 아르티카는 위도에 상관없이 생존 가능한, 끈질긴 생명력을 가진 개척자이자 진정한 바다의 늑대였다. 해안선을 따라 서식하며 담수원 없이 생존할 수 있고 바다로의 긴 여행도 가능하다. 카킬레*Cakile*속에 속하는 모든 종은 사실상 염생식물alofita이다. 여기서 이탈리아어 'alofita'는 소금을 뜻하는 그리스어 'alas'와 식물을 뜻하는 그리스어 'phyton'의 합성어다. 이 식물들은 다른 종은 생존하기 어려운 열악한 조건에서 해수로 자랄 수 있는 해부학적·생리학적인 특별함을 모두 타고났다.*

게다가 카킬레의 진화는 화려한 단계를 거친다. 조물주의 경이

* 염생식물은 희소식물이다. 전 세계 식물의 약 2퍼센트가 이러한 능력을 가지고 있다.

로운 설계로, 필요하면 언제든 사용할 수 있는 생존 키트가 장착되었다. 제임스 본드를 돋보이게 해주는 '본드카' 애스턴 마틴Aston Martin과 비슷하다고나 할까. 카킬레속 식물들은 그 어떠한 상황에서도 자생할 수 있는 생존법을 터득했다. 그중에 내가 가장 좋아하는 번식법은 이 식물에는 흔한 일이지만, 일반적으로는 매우 특별한 방식이다. 즉 씨앗이 여물면 열매*가 둘로 나뉘어 열린다. 반은 발아의 희망을 품고 혹시나 하는 마음에 발아 가능성이 큰 어미나무 가까이 떨어져 모래 속에 묻힌다.[3] 나머지는 바다에 실려 멀리 보내진다. 부력이 아주 뛰어난 씨앗들은 해류가 해안가로 데려다줄 때까지 바다에서 수년간 생존이 가능하다. 카킬레 아르티카가 쉬르트세이섬으로 가는 경주에서 다른 모든 (동식물) 참가자[4]를 당당히 제치고 1등을 차지한 배경이다.

쉬르트세이섬의 식민지화에 관한 통계 조사에서는 예상치 못한 결과가 나왔다. 예컨대 일부 식물의 씨앗을 그 섬으로 옮긴 운반체가 물고기의 알이라는 걸 예상한 사람은 아무도 없었다. 정확히 말해, 라자 바티스*Raja batis*[홍어과 동물]의 알주머니가 다양한 초본종의 씨앗들을 예기치 못한 손님으로 맞이해 그 섬까지 운반해주었다. 이러한 독창적인 운송수단 외에도 대부분 씨앗은 바람, 물 또는 조류에 의해 운반되어 섬에 도착했다. 한 예로 혹한을 좋아하는 귀엽고 사랑스러운 참새인 흰멧새*Plectrophenax nivalis*는 스코틀랜드에서 아이슬란드로 이주할 때, 씨앗들을 자신의 소화관인 모래주머니를 이

* 십자화과인 카킬레의 열매 형태는 장각과나 단각과이나 독자의 이해를 돕기 위해 '열매'로 지칭함—감수자.

용해 안전하게 섬까지 옮겼다. 모래주머니는 조류 위의 일부분으로 먹이를 잘게 부수는 역할을 한다. 이처럼 흰멧새는 씨앗들이 순조롭게 발아할 수 있도록 안전한 운반체가 되어 섬의 식물 확산에 혁혁한 공을 세웠다.

이것이 바로 1967년 전 세계에 분포하는 아름다운 관목인 폴리곤움 마컬루사*Polygonum maculosa*|마디풀속의 종|와 습지 서식 다년생 식물종인 흑사초*Carex nigra*[5]가 쉬르트세이섬으로 오게 된 경로다. 주로 어류를 잡아먹는 갈매기 등의 바닷새들도 가끔 식물성 먹이를 섭취한 뒤 이 외딴 불모지에 씨앗들을 운반함으로써 쉬르트세이섬의 새로운 종 상륙에 적극 기여했다. 마지막으로 쉬르트세이섬을 지나가며 상공에서 배설물을 떨어뜨리는 거위들 역시 뛰어난 운반책으로 밝혀졌다. 거위들은 섬에 천연 비료를 입힌 다양한 종자들이 정착해 최상의 조건에서 발아하도록 도왔다.

섬에서 기록된 모든 종류의 관다발식물 중 9퍼센트는 공기 중의 바람, 27퍼센트는 바닷길, 나머지 64퍼센트는 조류에 의해 운반되었다.[6] 1998년 말, 목본종의 첫 개체인 살릭스 필리시폴리아*Salix phylicifolia*|버드나무속의 종|가 마침내 그 섬에 뿌리를 내렸다. 섬이 생긴 지 45년이 지난 2008년 쉬르트세이섬에는 69개의 식물종이 조사되었으며, 그중 30종은 섬에 자리를 잡은 것으로 보인다. 오늘날에도 매년 2~5개꼴로 새로운 종이 계속 도착하고 있다.

02
체르노빌 대참사에서 승리한 전투원

체르노빌 원자력발전 사고는 사람들의 뇌리에서 영원히 지워지지 않을 사상 최악의 참사 중 하나다. 아마 오늘날 대부분 청소년은 그 당시 어떤 일이 벌어졌는지 알지 못할 것이다. 체르노빌 대참사에 대해 모르는 독자에게는 사실을 정확히 알려주고 이미 알고 있는 독자에게는 그때의 기억을 환기할 겸 체르노빌 원전 사고에 대해 간단히 설명하려 한다.

1986년 4월 26일 새벽 1시 23분(현지 시각), 구소련 우크라이나 체르노빌시에서 18킬로미터 떨어진 곳에 위치한 블라디미르 일리치 레닌Vladimir Il'ič Lenin 원자력발전소의 원자로 4호기가 폭발했다. 원자로 설계 결함, 기술진들의 몇 가지 안전절차 무시와 운전 미숙이 폭발의 원인이었다. 경험이 부족한 야간 교대조가 원자로의 안전 시스템을 시험하던 중 오류가 발생하여, 원자로 노심爐心|원자로에서 연료가 되는 핵분열성 물질과 감속재가 들어 있는 부분. 핵분열 연쇄 반응이 이루어지는 곳임|의 연쇄반응이 통제 불가능 상태가 되고 말았다. 원자로 노심의 온도가 급상승하면서 과도한 열로 냉각수가 수소와 산소로 분해되고, 거기에다 핵분열 반응도 조절 역할을 하는 제어봉의 고온화된 흑연과 분해된 수소가 반응하여 가연성가스를 생성함으로써 끔찍한 폭발을 일으켰다. 무게가 1천 톤이 넘는 원자로 상부 돔 천장까지 통째로 날려버릴 정도로 폭발의 위력은 엄청났다. 연이은 폭발로 대량의 방사성 물질이 누출되어 대기 중으로 퍼져나

갔는데, 대부분 낙진은 발전소 인근 지역에 떨어졌고, 일부는 바람을 타고 스페인과 포르투갈을 제외한 유럽의 모든 지역과 북미까지 퍼졌다.

체르노빌 원자력발전소 폭발사고는 역대 최초로 최고 등급|국제원자력기구가 설정한 '국제원자력사고등급INES'과 국내 '원자력안전법'의 사건 정의에는 0~7단계까지 기재되어 있음|인 7단계로 분류된 원자력 대참사였다. 두 번째로 등급을 받은 사고는 2011년 3월 11일 후쿠시마 원자력발전소 사고였다. 체르노빌 대재앙으로 확인된 직접적인 피해자는 57명에 그치지만, 피폭 병증에 시달리는 사람은 수만 명에 달하는 것으로 추정된다. 유엔 공식 보고서는 3만~6만 명으로 추정한 반면, 그린피스가 추정한 숫자는 600만 명 이상으로 정확히 추산하기조차 힘들다. 사고가 발생하자 체르노빌시 전체와 발전소 주변 광범위한 지역에 걸쳐 거주민들이 전부 대피했고, 이에 따라 지역 주민 중 35만 명 이상이 '강제 이주'해야만 했다. 발전소 주변 지역 반경 30킬로미터 소위 '체르노빌 출입통제 구역'으로 지정된 '거주금지 지구'는 수십 년 동안 출입이 완전히 통제되고 있다.

체르노빌 대재앙의 결과는 말 그대로 황폐함 그 자체였다. 재난이 발생한 지 30년도 훨씬 지난 오늘날까지도 무슨 일이 있었는지, 모든 것을 제자리로 되돌리는 데 얼마나 더 기다려야 하는지에 대해 뜬구름만 잡을 뿐이다.

식물도 폭발 이후 며칠 동안 방사능 낙진을 겪었는데, 그 결과 또한 치명적이었다. 폭발로 인해 누출된 방사성 동위원소의 60~70퍼센트가 폭발 몇 주 안에 발전소 주변 숲의 식물들에 침전한 것으로 추정된다. 체르노빌 출입통제 구역에 속하면서 야생 소나무가 주를 이루는 숲속에서 대부분 소나무가 높은 수준의 누출 방사능을 흡수해 죽으면서 연한 적갈색으로 변했다. '붉은 숲'이라는 말이 바로 여기서 나왔다. 2011년 후쿠시마 원전 사고에 관련된 방사능 낙진에서도 체르노빌과 같은 현상이 일어났다.

방사선 수치가 최고조일 때 1차로 노출되어 벌어진 극적인 상황이 막을 내리자, 식물들은 생명체와는 분명 조화를 이루지 못할 것 같은 이러한 상황에서 방사능에 적응하고 생존하는 방법을 찾았다.

체르노빌 출입통제 구역에서 일어난 일은 믿기지 않을 정도다. 아무것도 살 수 없을 것으로 여겨졌던 이 공간은 오늘날 구소련에서 가장 다양한 생물 서식지 중 하나가 되었다. 인간이 방사능보다 훨씬 더 해로운 존재였던가! 이 지역에서의 인간 활동 제한이 사실상 거대한 자연보호 구역을 만든 셈이 되었으니 말이다. 방사능에도 불구하고, 동식물은 과거보다 개체수가 증가하고 품종도 훨씬 다양해졌다. 오늘날 제한 구역에서 살쾡이·라쿤·노루·늑대·프셰발스키 말przewalski's horse[1870년대 말 탐험가 프세발스키가 몽골 서쪽에서 발견한 말로, 세계에서 마지막으로 남은 몽골 야생말 아종]·여러 종의 새·무스moose·붉은 여우·오소리·족제비·토끼·다람쥐뿐만 아니라 1세기가 넘도록 멸종되었던 큰곰까지 찾아볼 수 있다.

그렇다면 식물은? 식물은 확실히 동물보다 훨씬 더 잘해냈다. 출입통제 구역에 속하는 프리피야트Pripyat는 폭발한 원자로에서 3킬로미터 떨어진 도시였다. 인구 약 5만 명의 그 도시민 대다수가 원자력발전소에서 근무하는 노동자들이었다. 그들은 사고 직후* 영구 피난했다. 나는 그 도시의 현 상태를 아주 자세한 르포르타주 방식으로 담아낸 사진들을 접할 기회가 있었다. 사진은 내 눈을 의심할 만큼 믿기 어려웠다. 건물 지붕 위의 포플러, 테라스에 보이는 자작나무, 뻗어나오는 덤불의 힘을 못 이겨 갈라진 아스팔트, '그린 리버'로 변한 넓디넓은 6차선대로…. 대참사를 겪은 후 30년이 흐른 프리피야트는 식물들로 뒤덮여 있었다.

체르노빌 대참사를 대하는 식물의 반응은 예상 밖이어서 전문가조차 놀랄 정도였다. 안타깝게도 그 현상에 대한 대중의 관심이 높지 않아 진지한 과학적 연구가 이루어진 적은 없다. 2009년 마틴 하두치Martin Hajduch 교수가 이끄는 슬로바키아 과학원Slovak Academy of Sciences 연구팀이 실험을 위해 프리피야트시까지 갔고, 그 결과 많은 토론이 이루어졌다. 연구팀은 프리피야트시에 일정량의 콩을 심은 다음, 오염 지역에서 100킬로미터 이상 떨어진 지역의 동일 재배식물군과 비교하기 시작했다. 그 결과 프리피야트시의 콩이 상대적으로 물을 적게 소비하면서도 훨씬 더 잘 자랐다. 뒤이

* 다음은 프리피야트의 주민들이 대피 당일 들었던 소개령이다.
"주목하십시오, 주목하십시오! 주목하십시오, 주목하십시오! 주목하십시오, 주목하십시오! 주목하십시오, 주목하십시오! 시 인민위원회에서 알려드립니다. 체르노빌 원자력발전소 사고로 인해, 프리피야트시 주변의 방사능 수치가 높아 대기 상태가 해로운 수준입니다. 공산당, 연방기관, 군대는 필요 조치를 취하고 있습니다만, 인민의 확실한 안전보장과 아이들을 먼저 지키기 위해 키예프주에 있는 임시 거주지로 대피할 것을 알려드립니다. 따라서 금일 4월 27일 오후 2시부터 경찰과 집행위원회 위원들의 감독하에 버스로 이동하게 될 것입니다. 비상식량, 기본 생필품 및 신분증은 가져가시는 것이 좋습니다. 정부 사업처와 기관의 고위 관리자들은 도시 기업의 정상화를 위해 프리피야트에 체류할 노동자들을 선정했습니다. 대피 동안 모든 주택은 경찰이 지킬 것입니다. 동지들, 임시 대피 전에 창문을 닫고 모든 전기기기와 가스를 차단하고 수도를 잠그는 것을 잊지 마십시오. 임시 대피 과정에서 침착하고 질서정연하게 행동하며 규칙을 따라주시기 바랍니다."

Chaithmum
Harbour

Philodendrum
City

Schinus

Calendula
Island

Horoaeae
City

Capobrotus Beach

Cap Tasmanoides

Phaselous

Sea

Vect rimmins

은 연구 발표에 따르면 방사능 오염 지역에서 자라는 콩의 경우 정상 개체에 비해 중금속을 결합함으로써 식물을 보호하는 단백질인 시스테인 합성효소와 방사능에 노출될 때 염색체 이상을 줄이는 성분인 베타인 알데히드 탈수효소를 더 많이 지닌 것으로 드러났다.[7)]

방사능 오염 지역이 아닌 다른 장소에서는 성장률 비교가 어렵다는 지역 설정의 한계에 대해서는 비판의 여지가 있지만, 식물이 역사적으로 역경에 맞서는 특별한 저항력을 개발해왔다는 사실에는 의심의 여지가 없다.

식물의 가장 놀라운 능력 중 하나는 방사성 핵종|불안정한 원소의 원자핵이 스스로 붕괴하면서 내부로부터 방사선을 방출하는 원자핵을 말함|을 흡수하여 환경에서 오염을 제거하는 능력으로 알려져 있다. 많은 식물이 이 불가능한 위업을 달성해왔다. 이로 인해 식물환경정화 phytoremediation|식물을 이용하여 오염된 토양, 대기 또는 수질을 복원하는 방법으로, 주로 중금속이나 유기물질에 의해 오염된 지역을 정화하는 데 이용되고 있음|라는 기술을 통해 이러한 오염물질을 제거하자는 안이 종종 제기되었다.[8)] 오염물질 제거 속도는 더딜지라도, 이 기술은 방사성 핵종에 의해 오염된 토지에서 오염을 제거할 수 있는 유일한 가능성이다. 이 밖에 오염된 토양을 옮기는 방법이 있는데, 권장할 만한 방법은 아니다. 토양을 옮길 때 먼지가 발생하여 대기 중으로 퍼져나가면 2차 오염이 생길 위험이 있어서다. 따라서 흡수되는 방사성 물질의 양은 기후·지형·토양의 구성물에 따라 크게 달라질 수 있다.

시간이 지남에 따라 식물은 방사성 물질을 흡수하여 체내에 모으면서 환경에서 그 오염물질을 제거해간다. 이것은 체르노빌의 출입통제 구역에서도 일어나고 있다. 물론 여기서 매우 중대한 문제가 제기된다. 만약 그 숲에서 화재가 발생한다면 어떤 일이 벌어질까? 지난 30년 동안 식물에 축적된 방사성 물질들이 화재 즉시 대기 중으로 방출될 것이고 이는 매우 심각한 결과를 초래할 것이다. 이것이 바로 우크라이나 정부가 출입통제 구역에서 화재 예방을 최우선 과제로 삼는 이유 중 하나다.

03
원자폭탄에서 살아남은 피폭나무

나는 히바쿠주모쿠被爆樹木가 뭔지 몰랐다. 몇 년 전, 일본 기타큐슈를 정기적으로 방문하던 중 우연히 그 존재에 대해 알게 되었다. 이 도시는 내 친구 가와노 토모노리Kawano Tomonori 교수가 이끄는 국제식물신경생물학연구소LINV*의 일본 지부가 있는 곳으로, 수년간 일본과 일본 문화를 접하는 내 개인적 통로였다. 나는 그곳에 갈 때마다 어떻게든 시간을 쪼개어 내가 사는 이탈리아에서 멀리 떨어진 이 나라에 대해 새로운 것을 경험해보려고 애썼다. 내가 즐겨 했던 일은 일본 로컬 식당에서 점심이나 저녁에 '혼밥'을 하는 것이다. 말하기와 쓰기가 가능한 숫자와 아주 간단한 인사말 말고는 실제로 일본어를 한마디도 못 하는데도 말이다.

* LINV는 2005년에 내가 설립한 국제 연구소다. 관심 있는 사람은 www.linv.org에서 자세한 정보를 확인할 수 있다.

일본 요리는 종류가 다양하고 세련되어 그 매력에 쉽게 빠져들게 된다. 나만의 주문 절차는 이렇다. 일단 방에 자리 잡고 앉아 메뉴판의 요리명이 쓰인 문자의 생김새 중 가장 마음에 드는 것을 골라 무작위로 선택하여 주문한다. 보통 주문한 지 얼마 지나지 않아 음식은 앙증맞은 크기의 예술 작품으로 변신하여 접시에 담겨 나온다. 내가 가장 좋아하는 시간이다. 나의 주문 방식은 도박의 짜릿함을 안겨주지만, 이탈리아인의 취향과 다소 거리감이 느껴진다는 것만 제외하고는 그 어떠한 위험도 감내할 필요가 없다. 이제 발견의 즐거움이 시작된다. '이건 뭐지? 재료는 뭘까? 어떻게 요리한 거지?'

어느 날, 저녁 식사를 하면서 음식 접시를 앞에 두고 수수께끼 같은 이 음식이 무엇인지 알아내려 골몰하고 있었다. 라비올리[치즈, 채소, 고기, 생선 등의 다양한 재료로 속을 채워 만든 네모 또는 반달 모양의 이탈리안 파스타] 크기에 흰색 주머니 모양의 요리였다. 살짝 튀긴 음식이었는데, 크림 같은 물질이 들어 있고 생선 맛이 났다. 맛은 좋았다. 그렇게 1인분을 다 먹고 나서 심층연구를 위해 1인분을 더 주문했다. 이탈리아 요리와 어딘지 모르게 비슷하긴 한데 정확히 무엇인지 알 길이 없었다. 나는 한참 그 요리와 사투를 벌였지만, 끝끝내 아무것도 알아내지 못했다. 웨이터와 대화도 시도했지만, 일본에는 사실상 외국어를 구사할 수 있는 사람이 거의 없다. 말이 안 통하자 지쳐 포기하고, 체념하듯 궁금증을 남겨둔 채 음식을 그냥 먹기로 했다. 이것이 내가 일본에서 혼밥을 즐기는 이유 중 하나이기도 하다. 음식을 막 입에 넣으려던 그때, 옆 테이블의 노신사가 내게 말을 걸었다. 말도 안 되는 상황이 벌어졌다. 오랜 세월 일본을 왕래

했지만, 일본에서 상대방의 의향을 묻지도 않고 내게 말을 건 사람은 단 한 명도 없었다. 놀랄 일은 그뿐만이 아니었다. 완벽하고 우아한 이탈리아어를 구사하는 게 아닌가! 그가 갑자기 말을 하다 잠시 멈추었다. 아마 내가 먹고 있는 음식을 보고 안심하고 먹어도 된다고 일러주고 싶은데, 그 음식에 딱 맞는 이탈리아 단어가 떠오르지 않는 모양이었다.

"이보시게, 선생. 우리는 종족 번식에 큰 가치를 부여한다오." 뜬금없는 말에 나는 어리둥절해졌다. "비록 서방에는 우리 문화가 공격적인 면이 있다고 알려졌지만, 실제로 일본에는 범심론汎心論[범정신론이라고도 하며, 만물에는 각기 마음이 있다는 설]이 강하게 자리 잡고 있어요." 그는 정확히 '범심론'이라고 말했다. 나는 예의상 일본의 공격적인 이미지가 퇴색되어가고 있다고 말하며 그를 애써 안심시켰다. 그러나 그는 난처해하는 내 모습을 보았을 것이다. '내가 지금 먹는 요리가 범심론과 무슨 관계가 있지?' 하는 표정 말이다. 그는 말을 계속 이어갔다.

"만물에는 신성이 깃들어 있다고 믿기 때문에 우리는 전통적으로 동물의 모든 부위를 소비하려 합니다." 나는 그에게 가까이 다가가면서 말했다. "그래서요?"

"그래서…. 선생님이 드시고 계신 그 음식은 물고기의 이리입니다. 저 역시도 좋아하는 음식 중 하나지요. 다양한 해양 어종 수컷의 생식선에서 생산되지요."

"수컷 생식선이요? 그렇다면…."

"음, 이탈리아어로는 뭐였더라?"

"정액입니다."

"바로, 그거예요."

그는 내가 시라코라는 음식을 먹으면서 생각날 듯했던 그 이탈리아 요리가 무엇이었는지 떠올리게 해주었다. 그것은 바로 참치 또는 방어의 정낭을 재료로 만든 시칠리아의 명물, '라튜메lattume'였다. 생선의 난소를 이용한 보타르가bottarga에 맞먹는 요리다. 나는 새로 사귄 밥 친구에게 이탈리아에서도 물고기의 그 고귀한 부위를 먹는다고 알려주었다. 사실 여기에는 범신론보다 물질적인 이유가 있다고 믿지만 말이다.

우리는 통성명을 했다. 그는 은퇴한 외교관이었다. 재직 기간에 이탈리아에서 영사로 오래 복무했는데, 그때 이탈리아어를 배웠다고 했다. 우리는 오랫동안 즐거이 대화를 나눴다. 작별 인사를 나누기 전에 그 신사가 내게 물었다. "교수님, 우리 히바쿠주모쿠(피폭나무)를 방문하실 기회가 있었을 거라고 생각되는데요." 나는 약간 뜸을 들이다 히바쿠주모쿠에 대해 들어본 적이 없다고 말하며 죄송하다고 덧붙였다. 히바쿠주모쿠가 무엇이든 간에, 일본에서는 사과 없이 무언가를 무시하듯 말하는 것은 무례한 행동이라고 배웠다. 영사는 그 사실에 충격을 받은 듯 매우 놀란 표정을 지었다.

"교수님은 식물 연구를 하시는 분이 아닌가요! 그러니 히바쿠주모쿠를 꼭 만나셔야 합니다." 그는 콕 집어 '만나다'라는 표현을 썼다. 나는 그가 쓴 단어 '만나다'로 유추해볼 때, 히바쿠주모쿠는 어떤 식으로든 식물과 관련된 일을 하는 사람들의 모임이라고 생각했다. 뒤이은 그의 말에 내 예상은 이내 빗나갔다. "히바쿠주모쿠는 원자폭탄의 피해에서 무사히 살아남은 우리의 생존자입니다. 강인하고 끈질긴 생명력을 몸소 보여주어 찬가의 대상이 되는 존재지요." 일본에서 히로시마와 나가사키 원폭 피해 생존자들이 잔혹 행위를 겪은 산 증인으로서 중요한 역할을 한다는 사실은 익히 들어 알고 있었다. 그건 그렇고, 나는 그가 어떤 연유로 내가 원폭 피해 생존자들을 만나본 적이 있을 거라고 단정했는지 알 수 없었다. 잠시 후, 모호하던 히바쿠주모쿠의 존재에 대한 수수께끼가 풀렸다. "그것은 인간이 아니라 원자폭탄에 노출된 나무*입니다. 일본인이라면 누구나 다 알고 존경심을 표하지요. 저는 개인적으로 히바쿠주모쿠를 사랑합니다. 그러니 교수님께서도 아셔야 합니다. 제안 하나 드려도 될까요? 히로시마는 이곳에서 기차로 2시간 정도 걸리는 그리 멀지 않은 곳에 있습니다. 그들을 만나고 싶으시다면, 제가 며칠 동행해 드릴 수 있습니다. 원하시면 말씀하세요. 저는 아내와 사별 후 시간이 남아돈답니다." 나는 진심 어린 감사의 뜻을 표하며 그 신사의 제안을 수락했다.

이틀 후, 두 여행 동무는 각자 제법 그럴싸한 벤토**를 지참하고 히로시마로 가기 위해 이른 아침 코쿠라小倉역 앞에서 만났다. 불과 1시간 30분 만에 히로시마역에 도착했고 그로부터 10분 후에 나는 히바쿠주모쿠 앞에 서 있었다. 영사는 폭탄에서 생존한 세 그루의 나무를 '만날' 수 있는 멋진 정원으로 안내했다. 안타깝게도 나

* 이 용어는 '핵방사선에 노출됨, 폭격을 받음, 피폭'을 뜻하는 일본어 '히바쿠'와 '나무' 또는 '수목'을 뜻하는 '주모쿠'의 합성어다.

** 벤토는 전통적으로 뚜껑이 달린 나무용기다. 주로 간단한 한 끼 식사를 담는 데 이용한다. 일본에서는 매일 사용한다.

는 그곳 정원의 이름[히로시마시 나카구에 있는 회유식 정원 슛케이엔으로 추정됨]을 기억하지 못한다. 그러나 그 나무들은 생생하게 기억한다. 일본 전통 정원에서 흔히 볼 수 있는 세 종류의 나무로 은행나무 *Ginkgo biloba*, 곰솔*Pinus thunbergii*, 푸조나무*Aphananthe aspera*였다. 은행나무는 도심 쪽으로 상당히 많이 휘어져 있었고 곰솔의 몸통에는 많은 상흔이 있었지만, 전체적인 상태는 양호했다. 겉보기엔 그저 평범한 나무여서 경외심은커녕 아무 감흥도 없었다. 그보다 그 나무들을 '만나러' 온 사람들에게 애정이 생겼다고나 할까! 부부로 보이는 두 노인이 은행나무 앞에 휴대용 의자를 나란히 놓고 앉아 나무와 긴 대화를 나누고 있었다. 산책하던 소년 하나가 멈춰 서더니 그 은행나무를 보고 와락 껴안고는 가던 길을 다시 갔다. 그 나무들 옆을 지나가는 사람들은 누구 할 것 없이 나무를 잘 알고 있는 것처럼 보였다. 어린이부터 노인에 이르기까지 그냥 지나치는 법이 없고, 고개를 숙여 예를 표했다. 히바쿠주모쿠가 다른 나무들과 구별되는 특징이 있다면 바로 나무마다 노란색 표찰이 걸려 있다는 것이다. 나는 영사에게 무슨 내용이 쓰여 있는지 물어보았다.

"번역을 한번 해보겠습니다. '우리는 원자폭탄의 폭격을 맞은 피폭나무 앞에 서 있다.' 대충 그런 뜻입니다. 그리고 식물의 종과 폭심지爆心地로부터 떨어진 거리가 적혀 있습니다." 영사는 손으로 강 쪽을 가리키면서 말했다. "폭발은 여기에서 정확히 1370미터 떨어진 곳, 강이 두 갈래로 갈라지는 저쪽에서 일어났어요."

그날 나는 인류 역사상 최초로 무방비 상태인 일반인을 대상으로 원자폭탄을 투하한 장소로 서서히 접근해 들어가면서 히로시마의 많은 히바쿠주모쿠를 만났다. 원자폭탄 폭심으로부터 1130미터 떨어진 곳의 호센보法泉坊 사찰 정면에 서 있던 멋진 은행나무 한 그루를 기억한다. 그 나무는 절의 돌계단 밑에 U자형으로 에워싸여 있었다. 그리고 반경 1120미터 거리의 히로시마 성곽 내부에 있는 녹나무*Cinnamomum camphora*, 반경 910미터 거리의 성 안에 있는 먼나무*Ilex rotunda*, 반경 890미터 떨어진 절 혼쿄지本經寺에서 자라는 놀라운 모란*Paeonia suffruticosa* 등이 있었다.

원자폭탄 투하지에 가까워질수록 히바쿠주모쿠는 점점 줄어들었다. 1945년 8월 6일 오전 8시 15분, 폭심지 지표면 온도는 섭씨 4천 도를 훌쩍 넘어, 어쩌면 섭씨 6천 도까지 치솟았을 것이다. 당시 마흔두 살이던 미츠노 오치 부인이 스미토모 은행 입구의 돌계단에 앉아 있다가 갑작스럽게 투하된 원폭에 증발하면서 남긴 검은 흔적인 (말 그대로) 그림자를 영사와 함께 보러 가던 참이었다. 그 파괴력 앞에서 살아남을 수 있을 거라는 실낱같은 희망은 애초에 버려야 했다. 나는 그 말을 영사에게 꺼냈다. 그러자 영사는 미소 지으며 이렇게 대답했다. “믿음이 약한 자. 생명은 언제나 승리하는 법! 저를 따라오세요.” 모퉁이를 돌자 작은 강 혼카와本川가 나타났고 우리는 그 길을 따라 걸었다. 원폭 참사 당시 폭심지 인근 지역에서 유일하게 남은 외부 조형물로, 히로시마 평화기념관으로 보존된 히로시마 원폭 돔이 강 저쪽 불과 400미터도 채 안 되는 거리에 있었다. 우리 앞의 강변에는 땅속에서 살아남아 뿌리에서부터 다시 움을 틔운 히바쿠주모쿠계의 챔피언 수양버들*Salix babylonica*이 가지를 살랑살랑 흔들었다. 수양버들의 표찰에는 폭심지에서 370미

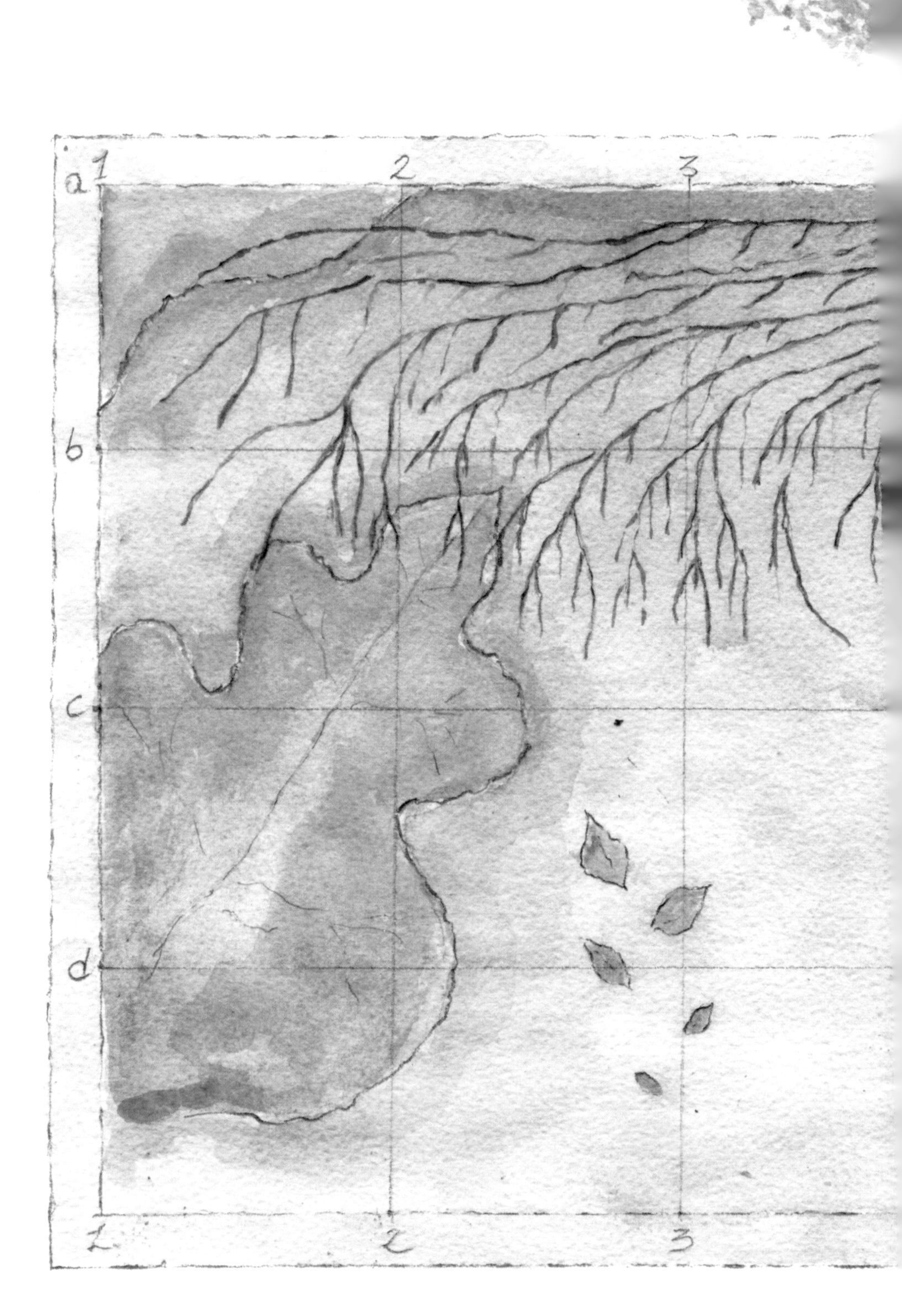
a
b
c
d
1
2
3
1
2
3

5
6.
7
a
b
c
d
5
6
7

터 떨어져 있다고 적혀 있었다.

그날 기타큐슈로 돌아오는 기차 안에서 영사는 집 근처 지인이 하는 식당에서 저녁 식사를 대접하고 싶다고 했다. 나는 흔쾌히 수락했다. 유쾌하고 즐거운 시간이었다. 일본에서 친구들 사이에 종종 있을 법한 술자리처럼 우리는 술도 거나하게 마셨다. 히로시마 히바쿠주모쿠와의 '만남'을 주제로 한 대화가 오가던 중, 걸리는 게 하나 있었다. 영사는 히바쿠주모쿠에 대해 말할 때마다 '원폭을 겪은 나무'라고 표현했는데, 굳이 이렇게 풀어서 표현하는 게 어색하게 들렸다. 그것 말고는 이탈리아어를 자유자재로 완벽하게 구사했으니까. 나는 결례가 되는 줄 알면서도 말을 꺼냈다. "실례지만, 영사님. 히바쿠주모쿠를 굳이 '원폭을 겪은 나무'라고 하시는 이유가 뭐죠? '생존자'처럼 한 단어로 쓰는 게 간단하지 않을까요?"

영사는 이렇게 설명했다. "친애하는 교수님, 이 문제는 생각보다 복잡합니다. 교수님이 말씀하시는 것처럼 주어진 모든 이름은 생존자에서 비롯됩니다. 일본어로 히바쿠샤는 말 그대로 '피폭자', 즉 '폭탄에 노출된 사람'입니다. 의미를 알 수 있는 이 단어를 선택한 데에는 이유가 있습니다. 이 용어는 생존자 대신에 선택되었습니다. 생존자라는 용어는 살아남은 사람들을 찬양하는 말이니, 역으로 비극에서 목숨을 잃은 수많은 이가 불쾌해질 것은 불 보듯 뻔한 것 아니겠습니까? 이러한 연유로 히바쿠주모쿠 역시 히바쿠샤와 같은 방식으로 부르게 되었습니다. 교수님에게는 이상하게 보일 수도 있겠다 싶지만, 저는 모든 히바쿠샤가 이 단어 선택에 흡족해할 것이고 자신을 생존자라고 부르는 것을 견디지 못할 거라고 확신합니다." 그래서 나는 이탈리아어로 '레두치reduci[어떤 분야의 베테랑, 전쟁에 참전했던 재향군인, 백전노장의 뜻]'라는 단어를 제안했다. 영사는 그 전까지 그 단어를 몰랐다가 알고 나서는 무척 마음에 들어 했다. "가르쳐주셔서 정말 감사합니다. 아주 좋은데요. 우리의 베테랑 동지들을 위하여 건배합시다."

식사를 마치고 나와, 나는 영사에게 댁까지 모셔다드리겠다고 말했다. 영사는 전혀 그 나이로 보이지 않지만, 여든이 넘은 고령인데다 얼큰하게 취했기 때문이었다. 극구 사양하던 그분은 끝내 내 고집을 꺾지 못했다. 짧은 산책을 하듯, 나는 그분을 댁에 모셔다드렸다. 우리는 작별 인사를 나눴다. 영사는 오랜 세월을 이탈리아에서 보내서인지 일본식이 아닌 이탈리아식 인사로 나를 안아주었다. 그분은 내 얼굴을 진지하게 바라보며 말했다. "히바쿠주모쿠에 대해 이야기하고 널리 알려주십시오. 그리고 그들을 또 찾아와주세요." 그러고는 머뭇거리다가 말을 이었다. "사실, 저도 히바쿠샤입니다. 원폭은 제 가족 모두와 제가 알던 모든 사람을 제 곁에서 사라지게 했습니다. 그때 제 나이는 일곱 살이었어요. 제가 공부하던 초등학교 교실이 나무 가림막으로 보호받아서인지 저는 무사했습니다. 저와 4명의 친구만이 그 학교의 유일한 베테랑입니다. 120명의 아이가 있었는데 말이지요."

그분은 잠시 생각에 잠기더니 마지막으로 내게 미소를 지으며 데려다줘서 고맙다고 말했다.

도망자들, 새로운 영토를 정복하다

2장

목 벼목 | **과** 볏과 | **속** 수크령속 | **종** 펜니세툼 세타케움 | **학명** *Pennisetum setaceum* | **원산지** 북아프리카 | **유럽에서의 첫 출현** 20세기

생명의 광대한 추진력은 막을 수 없다. 따라서 식물을 정원이나 식물원 같은 울타리 안에 가둬둘 생각은 애당초 안 하는 게 낫다. 그런 방법으로 가둬두려는 우리의 시도를 비웃기라도 하듯, 조만간 식물들은 확장을 계속해나갈 곳을 찾기 위해 탈출을 감행할 것이다.

오늘날 침입성 동식물로 여겨지는 종 대부분은 사람이 가둬둘 수 있다고 생각한 곳에서 탈출하면서 이렇게 우리에게 도착했다. 정확히 말하면, 오늘날 우리가 침입성이라고 생각하는 종뿐만 아니라, 우리 곁에 항상 있었기에 주변 환경의 일부라고 믿었던 식물 대다수가 실제로는 다소 오랜 기간 우리 곁에 있던 이민자였다. 오늘날 문화유산의 일부로 인식되는 식물들은 우리와 잘 결합하여 살고 있는 외래종일 뿐이다.

옥수수를 예로 들어보자. 멕시코[1] 출신의 이 외래종은 대대로 포강 유역 사람들의 배를 불려주었다. 또 이탈리아 음식에서 빠질 수 없는 식재료인 토마토와 바질은 어떤가? 토마토와 바질 잎을 넣은 파스타가 어쩌면 이탈리아의 국민 음식이 아닐 수도 있다. 토마토*Solanum lycopersicum*는 페루와 멕시코 사이 지역에서 유래한 토착종으로 1540년 스페인 출신의 멕시코 정복자 에르난 코르테스Hernán Cortés가 처음 유럽으로 들여왔다. 그리고 토마토는 쓸데없는 작물 취급을 받았다.

1544년 토마토가 이탈리아에 들어왔을 때, 열매 색깔이 노란색이었다. 그래서인지 안드레아 마티올리Andrea Mattioli[1501~1577년, 이탈리아 출신의 의사이자 식물학자]는 자신의 책 《메디치 세넨시스 코멘타리Medici Senensis Commentarii》에 토마토를 일컬어 말라 아우레아mala aurea[golden apple, 당시 유럽에서는 낯선 열매는 모두 사과라고 말함]로 표기했고, 나중에 글자 그대로 '포모도로pomo d'oro[이탈리아어로 'pomo'는 과일의 열매를 뜻하고, 'oro'는 황금을 뜻함. 현 이탈리아어로 포모도로pomodoro는 토마토다]'로 번역되었다. 다른 많은 외래종과 마찬가지로, 천대받는 토마토가 환대받으려면 열매 색의 변화 과정을 모두 거쳐야 했다. 토마토가 붉은색을 띠기 전까지는 썩 믿음이 가지 않는 식물로 보였을 것이다. 처음에는 토마토에 독성이 있다고 여겨져서 장식용으로만 쓰이다가 나중에 치료제로 이용되었다. 1572년에 이르러서야 '엄청나게 빨간' 토마토의 다양성에 대해 언급되었

Altea rosita
Ambrenti
Asfodelo

Abelia
Anacamptis Barrer
Cupressus Harbour
Isatis Channel
Echeveria
Crassula
Lagerstromia
Angilops
Arbutus Town
Chamaerops
Fumaria City
Port Ferula
Indica Passage
Iris Beach
Calendola Cap
Aloe Bay
Lentiscus Islands

Agerato
Acacia saligna
Adonide annua

Agazzina
Agerato
Lepidio
Alium

다. 그 순간부터 모든 것이 쉬워졌다. 일단 붉게 변하기만 하면 되는 것이다. 토마토가 요리에 쓰이기 시작했지만, 정착 속도는 굉장히 더뎠다. 이탈리아 국민 요리의 첫 타자인 토마토 파스타의 레시피가 나오기까지는 19세기 전반까지 기다려야 했다.

토마토의 정착기가 꽤 긴 편이지만, 이탈리아 요리법의 또 다른 보루인 바질에 비하면 순조로운 편이다. 바질*Ocimum basilicum* 또한 외래종이다. 인도 내륙지역 출신인 바질은 알렉산더 대왕과 함께 유럽에 상륙했다. 바질 역시 사람들에게 쉽사리 인정받지 못했다. 바질의 험난한 여정에 비하면 토마토는 두 팔 벌려 환영받은 것이나 다름없다. 바질처럼 기원전 350년에 들어와서 식탁에 올려진 18세기까지 오랜 세월을 기다려야 했던 것은 아니니까. 《자연사》에서 섭취 시 정신이상과 마비 증상을 일으킨다고 서술한 가이우스 플리니우스 세쿤두스Gaius Plinius Secundus[23~79년. 고대 로마의 박물학자이자 정치인 겸 군인으로, 자연계를 아우르는 백과사전식 대작 《자연사》를 저술함]에서부터 독[2] 그 이상도 이하도 아니라고 치부하던 17세기 전반의 영국 의사이자 허브 식물학자 니콜라스 켈페퍼Nicholas Culpeper에 이르기까지, 2천여 년 동안 향기로운 이민자의 평판은 좋은 편이 아니었다.

식용이든 아니든 모든 식물이 어떤 용도로 사용되고 있거나 사용될 것이니 이제부터 그냥 우리 곁에 두기로 하자. 모두 어떤 용도로든 사용되기 때문에 경제성이나 유용성을 분석할 때, 식물들이 자신의 지분을 주장할 법하다. 흥미롭게도 재배종과는 별개로, 오늘날 우리가 자생식물*의 일부라고 생각하는 많은 식물이 알고 보면 종종 아주 먼 곳에서 건너왔다.

그렇다면 왜 우리는 새로운 영토를 점령하는 데 성공한 모든 식물을 일컬어 침입식물로 정의해야 한다고 주장하는 것일까? 잘 살펴보면 과거의 침입식물뿐만 아니라 오늘날의 침입식물은 현재 우리 생태계의 근간을 이루는 미래의 자생식물이다. 나는 이 개념을 명확하게 하고 싶다. 이 규칙을 항상 염두에 두면 확장을 제한하려는 어리석은 행동은 저지르지 않을 것이다.

침입식물이 되는 자격 조건은 다양하다.[3] 그중 다음 몇 가지만 기억하자. 씨앗을 다량 분산할 수 있는 능력, 매우 빠른 성장(속도), 환경 조건에 따라서 다양한 생태형을 만들어내는 능력**, 복합적인 스트레스에 대한 내성, 인간과 제휴할 수 있는 능력 등이다. 전반적으로 종을 효율적이고 유연하며 저항력 있게 만드는 특징들이다. 새로운 환경에 놓일 때마다 상황별로 발생할 수 있는 문제에 대한 해결 능력은 자격 조건 중 지능을 설명한다. 나는 새로운 환경에 적응할 수 있는 능력을 갖춘 종들을 좋아하며, 그들에게 존경을 표한다. 가장 흥미로운 것은 알 만한 속임수를 쓰는 종들이다. 다음 장에서는 막을 수 없는 세 도망자를 이야기해보겠다.

* 원서에는 이러한 식물에 관해 '대대로 그 땅에 살고 있다'는 의미를 담아 '토착식물'로 표현하였으나, 이 책에서는 생태학적 관점에 초점을 맞추어 생태학자의 용어인 '자생식물'(산이나 들, 강이나 바다에서 저절로 나는 식물)로 옮겨 적는다-감수자.

** 이러한 능력을 정의하는 올바른 표현은 '표현형 가소성phenotypic plasticity'이다.

01
시골뜨기 시칠리아 출신이 옥스퍼드의 유명인사로

세네시오 스쿠알리더스*Senecio squalidus*[금방망이속의 종]. 그 이름은 딱히 매력적이지는 않지만, 현화식물[식물을 꽃의 유무로 크게 나눌 때 꽃을 형성하는 식물] 분류군(1911속, 32913종)* 중 가장 많은 종을 포함하는 국화과에 속하는 우아하고 고상한 식물이다. 이탈리아 역사의 주인공이 속한 금방망이속*Senecio*에는 1천 종이 넘는 식물이 포함된다. 노인이라는 뜻의 라틴어 세넥스senex에서 유래한 속명인 세네시오는 모두 같은 길이의 얇고 가는 흰 머리카락으로 이루어진 특징적인 관모冠毛**를 가리킨다. 한편 종소명인 스쿠알리더스*squalidus*는 이명법[속屬과 종種을 나타내는 두 개의 라틴어에 의해서 동식물을 나타내는 린네식 명명법]을 확립한 스웨덴의 식물학자 칼 폰 린네Carl von Linne가 1753년에 발간한 《식물의 종Species Plantarum》에서 명명되었다.

이 종은 시칠리아섬의 활화산인 에트나산의 경사면에서 생겨났다. 세네시오 애스네시스*Senecio aethnensis*와 세네시오 크리샌스미폴리우스*Senecio chrysanthemifolius*[4]의 결합으로 탄생했을 것으로 추정되는 이 잡종은 의심할 여지 없이 축복 그 자체다. 키 30~50센티미터, 피침형 잎과 아름다운 노란 꽃이 줄기 끝에 모여 산방화서[편평꽃차례. 바깥쪽 꽃의 꽃자루는 길고 안쪽 꽃은 꽃자루가 짧아서 꽃이 비슷한

* 세계 최고의 식물원 중 2곳, 큐 왕립식물원과 미주리 식물원이 고안하고 관리하는 사이트인 더 플랜트 리스트The Plant List(http://www.theplantlist.org)에서 볼 수 있다.

** 관모는 국화과 식물의 씨앗에 있는 독특한 깃털 모양의 돌기로, 주로 씨앗이 공중으로 날아올라 바람을 타고 멀리 퍼질 수 있게 해준다.

높이를 이루는 꽃차례]로 피는 이 작은 식물은 에트나산의 경사면에서 출발하여 대영제국 전체를 정복하는 데 성공했다.

이 일이 어떻게 성공을 거두었는지 이해하는 것이 굉장히 중요하다. 억제 불가능한 엄청난 확산력에 대한 연구 결과를 바탕으로 중요한 특성을 도출해볼 수 있다. 일반적으로 초기 잠복기가 있었다면 지역 동식물에 미치는 영향과 확산 속도를 측정할 수 있다. 그러나 무엇보다도 인간집단에서 일어난 진화 과정의 변화를 살펴본다면, 그중 확산을 부추긴 행위를 확인할 수 있을 것이다. 그러므로 시칠리아에서 대영제국으로 뻗어나간 이 작은 식물이 이러한 현상에 관한 연구의 롤모델이 되어 상세한 기록을 남기게 된 것은 놀라운 일이 아니다.

이 종을 먼저 알아보고 설명한 인물은 17세기 중반의 시칠리아 식물학자 프란체스코 쿠파니Francesco Cupani였다. 팔레르모 출신의 프란치스코 수도회의 수도승인 그는 시토회[가톨릭 베네딕토 원시 회칙파의 주축을 이루는 개혁 수도회] 수도승 파올로 보코네Paolo Boccone에게 수사 교육을 받았다. 파올로 보코네는 파도바에서 식물학 교수를 거쳐 토스카나 대공 페르디난도 2세 데 메디치의 법정 식물학자를 역임한 인물이다. 프란체스코 쿠파니는 식물분류학을 현대화해야 할 필요성을 강력하게 지지했다. 그렇게 프란체스코 쿠파니는 스승 파올로 보코네와 함께 식물학에 대한 무조건적인 사랑을 키워나갔다. 그는 유럽에서 가장 부유한 도시 중 하나인 시칠리아의 전체 식물군에 대해 목록을 작성하고 기술하기로 마음먹었다. 그러나 이 복잡하고 방대한 과업을 시작할 추진력이 필요했다. 이 임무를 완수하려면 분류한 종의 살아 있는 개체를 보관할 장소가 있어야 했기 때문에 프란체스코 쿠파니는 미실메리Misilmeri의 공작, 돈 주세페 델 보스코 산도발don Giuseppe del Bosco Sandoval에게 재정 지원을 받아 1692년 팔레르모에서 멀지 않은 미실메리에 식물원을 설립했다. 그 식물원은 단시간* 내에 유럽 전역에서 유명해졌다.

시칠리아에서 서식하는 모든 식물종을 알아내겠다는 일념으로 열정을 쏟아붓던 쿠파니는 드디어 세네시오 스쿠알리더스와 운명적인 만남을 갖는다. 쿠파니는 수집했던 다른 모든 종처럼 세네시오 스쿠알리더스를 미실메리 식물원으로 옮긴 후 번식시켰다. 그러고는 세계 각지에서 온 외래종들 가까이에 시칠리아 식물들을 심었다. 그는 이 식물들이 번식하기를 고대하면서 높이 평가받은 다른 식물원들과 마찬가지로 미실메리의 식물원 역시 내부의 컬렉션을 최대한 풍부하게 하려고 당시 다른 식물원들과 교류 및 협력 관계를 유지하기 시작했다. 후에 미실메리 식물원의 식물들은 린네의 이명법에 따라 분류된다.

다음은 합리적 가정이긴 하지만 어떠한 근거 자료도 없는 나의 가설일 뿐임을 미리 일러둔다. 프란체스코 쿠파니는 해외 정원들과 교류하던 차에, 영국의 저명한 식물학자 윌리엄 셰라드William Sherard를 만나 그의 영국 컬렉션을 위해 세네시오 스쿠알리더스의 종자를 건넸을 것이다. 1700년대, 그러니까 셰라드가 보퍼트 공작부인의 가정교사로 활동했던 바로 그 시기에 세네시오 스쿠알리더

* 1795년 팔레르모 식물원이 설립되었을 때, 미실메리 식물원의 2천 개체 이상의 식물을 그곳으로 옮겼다.

스는 배드민턴Badminton 마을 보퍼트 공작 가족의 정원에서 행복하게 살게 되었다. 그로부터 몇 년 후, 아니 어쩌면 몇 개월 만에 이 시칠리아의 잡종은 대영제국으로 퍼져나가는 데 발판이 된 옥스퍼드 식물원의 수석 정원사 제이콥 보바트Jacob Bobart 2세에 의해 소개되었다.

우리는 세네시오 스쿠알리더스가 에트나 활화산 경사면의 화산재와 용암으로 이루어진 화산 지역 출신임을 기억하고 있다. 즉 이 식물은 자원이 거의 없는 척박한 곳에서도 적응해 살 수 있는 소박한 시골뜨기다. 도시에서 가장 좋아하는 서식지는 성벽, 폐허, 안뜰 등 보통의 다른 식물종들이 전혀 좋아하지 않는 모든 장소라고 보면 된다.

단시간에 이 시칠리아 출신은 옥스퍼드에서 꽤 알려진 유명인사가 되었다. 1794년에는 담벼락에 세네시오 스쿠알리더스 개체가 없는 대학을 찾기 힘들 정도였다. 옥스퍼드대학교의 상징인 보들리언 도서관Bodleian Library의 벽에도 세네시오 스쿠알리더스의 작고 노란 꽃이 진을 치고 있다. 옥스퍼드에 의해 채택된 그 식물명은 오늘날에도 영어명인 옥스퍼드 래그워트oxford ragwort[래그워트는 흔히 국화과 금방망이속 식물들을 이름]로 알려져 있다. 옥스퍼드 식물원에서 탈출한 첫 번째 살아 있는 개체는 도시 근교로 퍼져나가기 시작한다. 영국의 다른 지역으로의 점진적 확장을 위한 1단계 작전으로, 우선 폐농장과 폐건물 벽들을 점령해나간다. 침략의 판세를 결정적으로 바꾸는 계기가 된 철도가 도입되기 전까지 정복의 진행 속도는 더뎠다.

1°35"
4°27'
6°22'
8°17'

Liliaceae beach

Juncus

11°1'

Jucanidacea

Abutilon cap

N

cereus

Cap Gasteria

NO

9°2'

NE

Datura

SO

E

SE

S

Brugmansia

Gard

4°X'

Dracaena Terminalis

Dieffenbachia

Ginkgo Peninsula

Dasylirion city

Dahlia Gulf

35°2"
27°4"
22°6"
17°8°

12°7'
14°2'
16°7'
y°x'
Pelargonium
Zizyphus Gulf
Albus
Hyoscyamus
Isatis
l°m'
z°9'
Grevillea Bay
Gladiolus promontory
Islands
Little Seeds
Archipelago
Guaderella
Cap
quoyebo
x°1'
Dafne Land
Grevillea
7°12'
2°14'
-7°16'
-12°18'

1844년 6월 12일, 옥스퍼드에서 런던을 잇는 그레이트 웨스턴 레일웨이Great Western Railway가 건설된다. 이듬해 철로가 추가 증설되어 옥스퍼드와 영국의 다른 지역으로까지 확대되었다. 산업혁명의 찬란한 기술진보는 세네시오에게 날개를 달아준 격이었다. 세네시오는 철도의 최다 탑승객 중 하나로, 둘째가라면 서러울 정도로 철도의 열성 팬이었다. 식물의 성장을 막으려는 의도로 철로 사이와 그 주위에 깔아놓은 자갈도 그들의 성장을 막기에는 역부족이었다. 그같이 척박한 환경은 세네시오에게 머나먼 고향에서 자라던 용암, 화산재 및 모래를 생각나게 했다.

이 식물은 갑자기 물 만난 물고기처럼 속도를 내어 빠르게 퍼져나갔다. 잦은 열차 무임승차는 세네시오의 빠른 번식과 성장에 큰 도움이 되었다. 모든 세네시오는 속명(관모를 기억하는가?)인 백색 갓털 덕분에, 바람을 타고 공기의 움직임을 이용해 씨앗을 퍼뜨린다. 이 식물은 한 해 동안 매우 많은 결실을 볼 수 있었는데, 그 씨앗들은 번식 준비를 단단히 하고서 철도의 공기 흐름을 타고 이동했다. 철로를 따라 전진해가며 이 시칠리아 출신은 영국 북부를 정복했다. 19세기 말경, 세네시오는 영국 북부의 여러 지역에 도착했다. 20세기 중엽인 1950년대에는 스코틀랜드 중부에 도착했다. 최근 몇 년간은 고속도로의 가장자리를 따라 북아일랜드와 북쪽으로 계속해서 퍼져나가고 있다.

세네시오가 추진체로 인간의 교통수단을 이용한 것은 그 씨앗 비행에 호재로 작용했다. 어떤 이유로든 아주 멀리 실려간 씨앗이 자신의 개체군이 살던 원산지에서 멀리 떨어진 지역에 정착한다고 상상해보자. 이 새로운 영토에서 자신의 입지를 확고히 굳히는 데 성공할 확률은 매우 낮다. 개체군 밀도가 낮으면 실제로 식물이 번식하기 어렵고 따라서 새로운 곳으로 퍼져나가기도 어렵다. 일반적으로 하나의 종이 자리를 잡으려면 먼저 같은 장소에 반복해서 도달해야 한다는 조건이 필요하다. 탑승객 세네시오에게는 동일한 도로를 계속 주행하는 자동차나 기차의 반복적인 움직임이 동일 장소에 반복적으로 도착하는 기회를 제공해준 셈이다.

통제 불가능한 이 황금빛 무리가 대영제국 전체를 물들였다. 생물기록센터Biological Records Centre의 논문은 정복의 진행 상황을 그래픽으로 보여준다. 그 전진 상황을 보면 신비롭고 불가사의할 정도로 묘한 특징이 나타난다. 새로운 환경을 자신에게 유리한 방향으로 바꿔놓을 수 있는 능력과 수완이 있다손 치더라도, 시칠리아가 원산지인 그 종이 어떻게 스코틀랜드와 아일랜드의 기후와 환경에 영향을 받지 않을 수 있었을까? 비밀의 문은 곧 열렸다. 이 작은 식물은 북쪽으로 나아가면서 지역 종과 교배하는 법을 배웠다. 잡종이 불임이 아니라는 조건하에 이 전략은 기발하다. 세네시오는 지역 자생종 집단과 교배하면서 자연 선택[자연계의 환경에 적응하면 생존하나 그렇지 않은 생물은 사라진다는 개념. 자연 도태라고도 함]의 갈림길에서 살아남는 길을 택한 것이다.

이러한 방식으로 이 식물은 새로운 환경 조건에 적응하는 데 필요한 모든 유전정보를 빠르게 얻었다. 이 순간부터 세네시오 스쿠알리더스는 더 이상 시칠리아 식물이 아니라 앵글로-시큘라anglo-sicula, 즉 영국의 귀화식물이 된다. 다른 정복 왕조의 예를 따라, 새로운 환경에 없어서는 안 될 구성원이 되면서 어제의 침입식물이 오늘의 자생식물이 된 것이다. 이것이 바로 내가 증명하고자 한 내용이다.

02
탁월한 미인계로 탈출과 정복에 성공한 수크령

흥미진진한 이야기 속에 등장하는 또 하나의 도망자는 펜니세툼 세타케움*Pennisetum setaceum*[수크령속의 종]이라는 학명으로 알려진 자그마한 아비시니아[에티오피아의 옛 이름] 이민 식물이다. 1미터가 조금 넘는 키의 여러해살이풀로, 세타케움이라는 이름에서 보여지듯 줄기 끝에 아름답고 부드러운 깃털 같은 이삭이 달린다. 깃털은 처음에는 진한 분홍색을 띠다가 무르익는 동안 색이 옅어지며 다양한 분홍빛 색조로 변하면서 섬세한 색의 향연을 펼친다. 펜니세툼 세타케움이 내 눈에는 우아해 보이지만, 모두의 눈에 그렇게 보이지 않을지도 모른다. 길쭉한 수크령(펜니세툼 세타케움의 통속명)은 세계 여러 나라에서 관상용 식물로 재배될 정도로, 그 아름다움을 인정받은* 종이라는 것은 명백한 사실이다. 실제로 수크령은 사하라 사

* 루브럼*Pennisetum setaceum* 'Rubrum'은 펜니세툼 세타케움 품종의 하나로 정원 식물들이 가장 탐내는 상인 가든 메리트 상Award of Garden Merit을 수상한다. 1922년 영국에서 시작된 이 상은 후보 경쟁식물들을 영국의 기후 조건에서 1~2년 동안 성장시켜본 다음, 수상 식물로 결정한다.
이 시험 보고서는 브로슈어와 웹사이트에서 열람할 수 있다. 이 상은 어떠한 연유로 식물이 원예용으로 이용될 수 없거나 더 나은 품종으로 대체될 경우 매년 재검토된다.

막 남쪽 아프리카 출신으로서의 품위 유지가 가능한, 자신의 고향과 기후 조건이 딱 맞는 곳이라면 그 어디든 자신의 영역을 넓혀갈 수 있다. 그것으로 미뤄보아 수크령의 매력은 트로이 목마와 같다고 할 수 있다.

수크령의 탈출과 정복 스토리는 세네시오 스쿠알리더스와 비슷하다. 시칠리아는 액션물에서만 등장하는 장소가 아니다. 세네시오 스쿠알리더스의 경우에는 시칠리아섬이 원산지였던 반면, 수크령의 경우는 그곳이 정복지였다.

펜니세툼 세타케움은 농업 학부장 브루노Bruno 교수의 관심에 힘입어 팔레르모 식물원 부설 식민지 정원 안에 흩뿌릴 종자 샘플로서, 1938년[5] 시칠리아에 도착한다. 브루노 교수는 동물 사료용에 초점을 맞춰 그 식물의 성장 및 생산 특성을 연구하기 시작한다. 그는 당시 이탈리아의 식민지였던 아비시니아의 환경 조건이 시칠리아의 환경 조건과 크게 다르지 않다고 생각한다. 이 식물이 시칠리아섬의 환경에 적응할 수 있다고 판명되었더라면, 우리는 덥고 건조한 기후에 적합한 최적의 사료용 식물을 갖게 되었을 것이다.

안타깝게도 이 종은 새로운 환경에 당당하게 적응하지만, 영양적인 능력은 떨어졌다. 게다가 동물들은 그 식물을 좋아하지 않는 듯했다. 그리하여 그 식물을 사료용으로 재배하려는 희망은 물거품이 되었다. 실용화 가능성이 사라지자 그 식물에 대한 실질적인 관심도 더는 생기지 않았다. 결국 새로운 실험 공간 확보 차원에서 그 식물을 식민지 정원에서 빼기로 결정한다. 그런데 수크령의 아름다움을 살릴 구원투수들이 등장한다. 수크령이 꽃을 피울 때 얼마나 아름다운지 잘 알고 있던 식물원 기술자들이 그 식물을 재배하여 관상용으로서의 잠재력을 평가하기로 마음먹는다.

수크령의 구사일생은 비상탈출 상황이나 마찬가지였다. 더는 지체할 시간이 없었다. 정원이라는 감금된 공간에서의 탈출을 서둘러 준비할 필요가 있었다. 수크령은 시칠리아섬에 관심 없는 듯 보이지만, 실제로는 그 반대였다. 그 식물은 자신의 고향과 비슷한 환경을 가졌으면서도 (매일 볼 수밖에 없는) 경쟁자와 천적도 없는 이 섬이 아주 마음에 들었다. 수크령은 번식 시기를 앞당기기로 결정한다.

수크령의 미인계는 확장 작업에 확실한 도움을 주었지만, 그 정도로는 실크처럼 부드러운 그 친구의 성에 차지 않았다. 아주 현명하게도 이 새로운 환경에 퍼져나갈 다른 무기들이 있었다. 자, 이제부터 수크령을 가장 빠른 확산 속도를 가진 종 중 하나로 만들어준 비장의 무기들을 살펴보자. 우선 수크령은 아주 다양한 기후에 적응한다. 연간 강우량이 1300밀리미터 미만, 온도가 영하로 떨어지지 않는 한 끄떡없다. 수크령은 발아 후 2년 차가 되면 생식기관인 꽃을 피우는데, 시칠리아 기후에서는 실제로 3월에서 9월까지 계속 꽃을 피운다. 또한 가뭄과 고온에 아주 잘 견디며 불이 난 상황에서도 완벽한 적응력을 보여준다. 이 능력 덕분에 이 종은 화재 후에 시칠리아 토박이들보다 훨씬 빠르게 번식하고 더 좋은 토양에서 자라났다.

다음으로 수크령의 씨앗은 기적을 일으킨다. 휴면[일정 기간 발육이나 대사 활성이 억제된 상태를 말함]이 없다. 최적의 조건에서 즉시 발아할 수 있다. 그에 반해 조건이 여의치 않으면 6년 동안 땅속에서 자신의 생명력을 유지할 수 있다. 종자 생산량이 많고 바람·물·동물·인간·탈것, 특히 차량 등의 운반체들 덕분에 종자의 자연 산포가 가능했다. 도로와 그 도로를 통과하는 교통수단 덕분에 사실상 수크령은 시칠리아를 정복할 것이다.

그 정복 시기가 언제인지 이제부터 차근차근 알아보자. 첫 번째 단계는 식민지 정원에 강제 입주한 수크령이 자신이 살던 좁은 화단에서 벗어난 것이다. 탈출은 식은 죽 먹기였다. 팔레르모는 바람 부는 날이 많은데, 수크령에게는 더할 나위 없는 이상적인 조건이었다. 수천 개의 씨앗은 깃털처럼 가벼워 공기 중으로 널리 퍼지도록 설계되었기 때문이다. 일단 정원의 담벼락을 넘어 식물원 주변 화단과 폐허 지역에 운 좋게 안착하기만 하면 정복을 시작할 수 있다. 정원을 벗어나기만 하면 정복은 시간문제일 뿐이다.

수크령은 도로를 따라 미개간 지역을 이용하고 세네시오 스쿠알리더스가 대영제국에서 사용한 것과 유사한 기술을 활용하면서 팔레르모를 떠나는 주요 도로들을 따라 퍼지기 시작한다. 최근 수십 년에 걸친 수크령의 시칠리아 여행 경로를 표시한 지도를 보면 이례적임을 알 수 있다. 수크령의 전진은 도로망을 정확히 따른다. 매년 널리 퍼져 수십 킬로미터씩 정복해가면서 번식했다. 사실상 오늘날 시칠리아 전체는 수크령의 집인 것이다. 시칠리아 종은 대영제국을 정복하고 에리트레아[아프리카 동북부에 있는 나라로, 1889년 이탈리아령이 되었으나 제2차 세계대전 후인 1947년의 강화조약으로 이탈리아령에서 벗어남] 종은 시칠리아를 정복한다. 이것이야말로 진정한 세계화가

Ageratum
Sea

Sesbanad
Serapios cap
Gulf
a
Seturio

아니겠는가! 자연에는 세계화가 늘 존재해왔다. 다행히 식물들에는 관세·국경·추방·장벽의 개념이 전혀 의미가 없다.

03
부레옥잠으로 뒤덮인 습지에서 하마가 헤엄친다면

학명 에이크호르니아 크라시페스*Eichhornia crassipes* 또는 영명 워터 히야신스water hyacinth로 불리는 부레옥잠은 그들이 서식 중인 아주 많은 국가와 침입식물을 연구하는 국내외 조직 사이에서 평판이 몹시 나쁜 식물이다. 부레옥잠의 확산 속도와 무서운 지배력에 대해 인간은 지금껏 알려진 최악의 수생 침입종으로 간주하여 대응 방안을 마련하고 있지만, 부레옥잠은 인간의 방제 노력을 비웃기라도 하듯 대부분 무시하며 유아독존하고 있다. 게다가 침입종 전문가 그룹ISSG(Invasive Species Specialist Group)[6]에 의해 '세계 100대 악성 침입 외래종' 중 하나로 선정되어 100대 엘리트 클럽의 일원인 특권층의 반열에 올랐다. 따라서 부레옥잠이 식물계의 악의 화신으로 모든 이의 미움을 한몸에 받고 있다는 것은 분명한 사실이다.

그 정도까지는 아니라고 생각하는 사람은 먼저 그 식물을 보고 말했으면 좋겠다. 섬세하고 매력적인 모습 뒤에 그런 괴물 근성이 숨어 있다고는 상상조차 할 수 없을 것이다. 부레옥잠은 아마존이 원산인 수생 식물로, 잎자루의 해면조직 부레 안에 들어 있는 다량의 공기 덕분에 물 위에 뜰 수 있다. 두꺼운 잎은 크고 광택이 나며, 최대 1미터까지 자라나므로 수면에 이 높이에 이르는 식물성 층을 겹겹이 형성할 수 있다. 흐드러지게 피는 아름다운 꽃은 연보라색에서 분홍색에 이르기까지 다양한 색을 띤다. 이게 바로 이 식물에 매혹당할 수밖에 없는 치명적인 덫인 셈이다. 실제로 18세기 말부터 이 종은 장식용으로 높이 평가되어 유럽에 수입되었다. 오늘날 오대륙에 걸쳐 50개가 넘는 국가에 널리 보급되었다.

앞서 얘기한 바와 같이 이 식물의 성공은 그 아름다움에서 비롯된다. 이 식물의 속명 에이크호르니아*Eichhornia*[부레옥잠속]는 프로이센의 요한 알베르트 프리드리히 아이히호른Johann Albrecht Friedrich Eichhorn(1779~1856년) 총리에게 헌정되었다. 1823년 기록된 문헌에 의하면, 이 식물은 자신을 관리하는 식물원들과 식물학자들을 지구상 가장 먼 지역으로 향하는 액세스 키access key로 활용하여 전 세계로 빠르게 퍼졌다. 계속해서 정복 전투를 벌여나가던 부레옥잠은 19세기 후반, 강제 이주한 유럽을 거점으로 대륙 절반의 개인 정원과 식물원들로 확산되면서 세계의 모든 열대 지역에 도달했다. 이후 식물학자와 수집가 간의 교류 덕분에 식민지화가 시작된다.

1884년경 이 식물은 자바 식물원에 도입되면서 아시아에 발을 들여놓는다. 부레옥잠이 어떻게 탈출에 성공하여 몇 년 사이 대륙 전체를 정복했는지는 아직 명확하게 밝혀진 것이 없다. 홍수에 휩쓸려 식물원을 빠져나온 뒤 범람한 물줄기를 따라 강에 이르게 되었고, 그 후 다시 돌아오지 않고 쉼 없는 정복 활동을 이어가고 있다는 설도 있다. 반면에 좀 더 낭만적인 사람들의 주장은 다음과 같다. 1907년 태국의 공주가 보고르 식물원Bogor Botanical Garden[인도네시아 자바섬 자와바라트주 보고르시에 자리한 식물원]에서 부레옥잠을 보자마자 마음을 빼겨 자신의 궁전 연못에 부레옥잠을 가져다놓았다는 것이다. 이 식물은 천적이 없는 그곳에서 4년 만에 태국 전역으로 퍼졌다.

부레옥잠이 연못의 관상용 식물로 호주에 도착한 것은 1890년이다. 1895년에는 뉴사우스웨일스주에서 이미 자유를 찾아 떠났다. 1897년 시드니 왕립식물원Royal Botanic Garden Sydney의 식물학자들은 부레옥잠이 정원의 모든 연못과 수로를 빠르게 식민지화하는 것에 우려를 나타냈다. 1900년대 초, 부레옥잠은 뉴사우스웨일스 국경을 넘어 퀸즐랜드주로 들어선다. 그 후 1976년, 수천 헥타르의 강 유역 전체가 온통 부레옥잠으로 뒤덮였다.

아프리카에서는 부레옥잠이 18세기 말부터 현재까지 계속해서 파도에 휩쓸려 상륙한다. 빅토리아호[아프리카에서 제일 넓고, 세계에서 두 번째로 넓은 민물호수로 아프리카 중동부 고원지대 탄자니아·우간다·케냐 접경 지역에 위치해 있음]에서 부레옥잠이 처음 발견된 것은 1989년에 이르러서였다. 이후 1995년에는 우간다에 속한 호수의 90퍼센트가 부레옥잠으로 뒤덮였다.[7]

지구의 모든 열대지역을 가로질러 종횡무진 확장 영역을 넓혀나가던 부레옥잠은 19세기 말경 미국으로 들어갈 방법을 궁리한다. 미국 입국 시에도 역시나 국경 문을 연 '파스-파투passe-partout'[프랑스어로 '만능열쇠'라는 뜻]는 바로 부레옥잠 꽃의 아름다움이었다.

1884년 '월드 코튼 센테니얼World Cotton Centennial'로도 알려진 뉴올리언스 세계박람회가 열렸을 때, 일본 사절단이 뉴올리언스 당국 및 행사 주최 측에 부레옥잠 몇 포기를 기념품으로 나눠주었다. 평소와 다름없이 아름다운 꽃의 자태를 뽐내고 있던 부레옥잠은 크게 환영받았다. 사람들은 일본에서 건너온 새로운 손님의 개화를 가능한 한 많은 사람이 즐겼으면 하는 바람으로 그 식물들을 적당한 수면을 갖춘 주요 공립 및 사립 식물원에 배분했다. 그 효과는 즉각적으로 나타났다. 몇 년 안에 부레옥잠은 초자연적인 능력에 가까운 힘을 발휘하여 수로에 퍼지면서 미국 남부의 여러 주 곳곳에서 볼 수 있는 식물이 되었다.

이 종의 확산이 너무 빨라 걷잡을 수 없는 상태가 되자 이내 그 심각성이 드러났다. 플로리다에서는 1897년 초에 이미 주요 수로에서 1제곱미터당 50킬로그램의 부레옥잠이 발견되기도 했다. 이 식물의 거침없이 활발한 성장과 갑작스러운 번식으로 말미암아 수많은 관개수로의 물 흐름이 막혔을 뿐만 아니라, 물고기와 수생 동물들은 멸종위기에 처했다. 배의 운항에도 차질을 빚게 되었다. 어떤 곳에서는 지나치게 무성하여 배가 빠져나갈 수 없을 정도에 이르렀다. 대책 마련이 시급했다.

과연 저지할 수 없어 보이는 이 돌진을 막기 위해서는 어떻게 해야 할까? 천적을 이용하자는 의견에서부터 개조한 보트를 활용한 기계적 수집 방법, 그리고 부레옥잠에 기름을 붓고 불을 지르자는 미국 육군성의 제안에 이르기까지 다양한 제안들이 빗발치듯 쏟아졌다. 제안 중 어느 것도 식물의 확산 저지에는 빛을 발하지 못하는 듯했다. 모두 일리가 있는 제안이긴 했지만, 실효성이 없었다.

이 시점에서 미국뿐만 아니라 여러 국가의 수백만 사람들에게 영웅 대접을 받는, 서부시대 대서사시의 상징과도 같은 특별한 인물이 등장한다. 20세기 초, 연사가 청중에게 그를 소개했던 말을 그대로 옮겨 그 영웅을 소개해볼까 한다. "저는 전쟁의 끔찍한 극한을 경험한 한 군인을 여러분께 소개하려 합니다. 대담하고 충실한 봉사 이야기로 두 개의 반구에 널리 이름을 날린 그 이름도 찬란한 스카우트scout입니다! 자신의 지식, 섭리, 무엇보다 실한 군마 한 필보다 자신의 튼튼한 두 다리를 더 믿는 개척의 기사…. 저는 베일에 싸인 아프리카의 민낯을 아는 유일한 미국인을 여러분께 소개할 수 있게 되어 영광으로 생각합니다. 바로 프레데릭 러셀 버넘Frederick R. Burnham 소령입니다."

그의 이야기는 믿기 어려울 정도다. 그가 평생 경험한 영웅적인 모험은 말 그대로 헤아릴 수조차 없다. 종종 그래왔듯, 미국산은 유럽산과 규모 자체가 다르다. 더 넓은 공간, 더 웅장한 건물, 더 성능 좋은 자동차, 더 긴 기차, 그리고 더 멋진 영웅들. 버넘의 생애에 관한 저서만 해도 수백 권에 이른다. 그는 분명 그럴듯한 인물이지만, 나는 그의 삶을 한마디로 유려하게 표현할 자신이 없다. 따라서 반론의 여지가 없는, 사실에 입각한 생생한 정보 몇 개만 소개하려 한다.

신장 162센티미터로 작은 키의 버넘은 자신의 신체적 약점을 보완하고자 보나파르트[168미터의 작은 키로 유럽을 제패한 나폴레옹 보나파르트] 방식으로 지휘권과 권한을 키웠다. 버넘은 몸집이 작았지만 엄청나게 다부졌고, 찔러도 피 한 방울 나오지 않을 듯 보였다. 절체절명의 고통과 상실감을 견뎌낼 수 있는 강인한 인물이었다. 그는 '고양이는 목숨이 아홉 있다[여간해서는 죽지 않는다는 뜻]'는 속담을 늘 마음에 새겼다고 한다. 나는 여기서 버넘 소령이 목숨을 몇 번이나 건졌는지가 아닌, 그의 삶을 가득 채운 수많은 모험담을 소개하기 위해 이 영웅을 소환해보려 한다. 자, 이제부터 그의 주요 업적만 열거해보겠다.

버넘은 다코타족Dakota[북아메리카에 사는 인디언의 한 부족. 인디언 가운데 가장 큰 부족으로, 예전에는 수족Sioux으로 불림] 인디언 보호구역의 선교사 부부에게서 태어났다. 1862년 미국과 수족 간에 최초의 대규모 충돌인 다코타 전쟁이 일어났다. 수족의 리틀 크로우Little Crow 족장과 수족 전사들이 공격해왔을 때, 당시 신생아였던 버넘은 엄마가 옥수수밭에 숨겨준 덕에 살아남았다. 12세에 그는 집을 떠나 혼자 지내며 캘리포니아의 웨스턴 유니언 전신회사 심부름꾼으로 일했다. 14세에는 아파치 전쟁에서 인디언들의 행방을 추적하는 미국군의 스카우트 전문가로 일하며 아메리칸 인디언 아파치족의 추장인 제로니모Geronimo를 포획하고 암살하는 원정대에 참가했다. 플레전트 밸리 전쟁Pleasant Valley War에도 참전했던 그는 질주하는 말을 타고 양손으로 총을 쏘는 법을 배웠다. 그리고 애리조나주 피날 카운티Pinal County의 보안관이 됐다.

1893년 미국 국경이 조용해진 듯싶자 옛 로디지아(현 짐바브웨)의 주로 알려진 마타벨렐란드Matabeleland의 영국 개척자들과 합류하기 위해 아내와 아들을 데리고 남아프리카로 가는 항해에 나섰다.

영국과 남아프리카의 마타벨레족 사이에 전쟁이 벌어졌을 때, 그는 마타벨렐란드에서 더반까지 1600킬로미터를 가족과 도보로 횡단했다. 이후 그는 영국군에 지원하여 영국의 국민 영웅이 되었다. 1895년 영국 탐험대를 이끌고 로디지아 북부로 간 그는 수많은 구리 광산을 발견해 공유하고 왕립지리학회 회원으로 선발되었다. 1896년 2차 마타벨레 전쟁에 참전했다가 거기서 로버트 베이든파월Robert Baden-Powell을 알게 되었다. 이때 두 사람은 그로부터 약 10년 후 보이 스카우트boy-scout라는 이름으로 탄생하게 되는 새 조직을 구상한다.

버넘은 스페인-미국 전쟁 발발 소식을 듣고 미국으로 돌아왔으나, 전투는 이미 끝난 다음이었다. 1900년 2차 보어 전쟁에서 영국군의 스카우트 수장으로 참전요청 전보를 받았을 때, 그는 캐나다 클론다이크를 탐험하고 있었다. 그는 탐험을 중단하고 클론다이크에서 지구 반대편에 있는 케이프타운까지 한달음에 달려갔다. 분쟁 기간 적의 배후에서 교량과 철도를 파괴하는 데 대부분의 시간을 보냈다.

그는 두 차례 포로가 되었다가 탈출했으며 중상을 입긴 했지만 목숨은 건진다. 이후 빅토리아 여왕의 만찬에 초대되고 여왕의 아들 에드워드 7세가 그를 영국군 소령으로 임명한다. 이후 버넘은 1902년부터 1904년까지 아프리카의 광물 탐사 원정대를 이끈다. 그리고 제1차 세계대전에 참전하고, 이후 스파이로 활동한다. 또한 캘리포니아에서 석유를 발견해 부자가 된다. 도무지 끝이 없는 이 이야기는 이쯤에서 그만하자.

간단히 말해서, 프레데릭 러셀 버넘 소령은 미국의 전설이라는 것에 누구도 이의를 제기하지 않을 것이다. 1910년 그는 루이지애나주 상원의원 로버트 브루사드Robert Broussard, 과거의 적이었던 프리츠 주베르트 듀케인Fritz Joubert Duquesne* 대위와 함께 하마 수입에 관한 자금 조달을 위해 미국 의회에서 로비활동을 시작한다. 아이디어는 훌륭해 보였지만, 모두 정신 나간 행동이라고 생각했다. 당시 미국의 심각한 식육용 고기 부족 문제의 대안으로 하마 고기를 시장에 내놓으려는 계획이었다. 아프리카에서 수입한 하마에게 루이지애나주의 강과 늪에서 번식하는 부레옥잠을 먹일 생각이었다. 그 주장은 설득력이 있었고 의원들이 솔깃했던 것도 사실이다.

버넘은 의회청문회에서 이 기괴한 제안에 승인을 얻어낼 목적으로 왜 미국인들은 소·돼지·양·가금류만 계속 소비하는지 묻는다. 그 동물들은 미국산일까? 아니다. 그것들은 모두 몇 세기 전에 유럽에서 들여온 동물들이다. 그렇다면 왜 하마는 수입하지 않는가? 버넘은 위원회에 다음과 같이 말했다. "하마고기 구이는 포크 스테이크나 닭고기 수프처럼 시간이 지나면, 미국인이 자연스럽게 받아들일 음식이 될 것입니다." 그러나 하마 수입을 반대하는 의원들의 예상은 빗나가지 않았다. 결국 의회는 한 표 차이로 변혁의 기회를 허용하지 않았다.[8]

* ('흑표범'으로 알려진) 전설적인 스파이. 보어 전쟁 기간 중 버넘을 암살하라는 명령을 받았고, 1942년 히틀러가 권력을 장악한 시기의 독일제국(1934~1945년) 당시 제3제국의 스파이로 수감되었다.

하마가 수입되었더라면 육류 문제가 해결되었을까? 어쩌면 그랬을지도 모른다. 그러나 하마가 서식지와는 다른 환경에서 살게 되면서 어떤 일들이 벌어졌을지 상상이 되지 않는다. 무엇보다 하마는 길든 동물이 아니니까. 나는 사육이 쉽지 않았을 것이라고 본다. 또 하마의 존재가 부레옥잠 확산을 막는 데 큰 역할을 해내지도 못했으리라 생각한다. 인간은 여러 차례 가능한 포식자를 도입하여 침입종으로 간주하는 식물종 확산을 막으려 시도했다. 이러한 식물 방제 시도는 거의 결실을 보지 못했다. 그 시도들은 종종 해결해야 할 것보다 더 심각한 문제로 되돌아왔다. 만약 그 사안을 반대했던 의원들이 찬성표를 던졌더라면, 오늘날 미국 남부에 하마가 살고 있을지도 모른다. 다른 건 몰라도 하마들이 부레옥잠으로 뒤덮인 습지와 강을 유유히 헤엄치고 다녔을 거라고 확신한다.

바다를 누빈
용감한
선장들
3장

목 종려목 | **과** 종려과 | **속** 코코넛야자속 | **종** 코코넛야자 | **학명** *Cocos nucifera* | **원산지** 남인도(추정) | **유럽에서의 첫 출현** 16세기

오늘날 식물이 원산지에서 아주 멀리 떨어진 장소까지 확산될 수 있었던 것이 씨앗 덕분임을 모르는 사람은 거의 없다. 그러나 과거에는 그렇게 생각하지 않았다. 19세기 중반까지도 식물이 살고 있는 그 장소에 애초에 어떻게 당도할 수 있었는지 누구도 명쾌하게 설명하지 못했다. 탐험가들의 발이 닿은 적이 없는 무인도에서 발견된 수백 가지의 종들은 어떻게 설명할 수 있을까? 조물주가 각각의 장소에 걸맞은 다양한 종을 창조했던 것일지도 모르고, 그런 게 아니라면 대륙별로 서식 중인 개별 종들이 한데 모여 복합적인 창조 이벤트가 일어난 것일 수도 있다. 이것들이 대다수 과학자가 지지하는 이론이었다. 다윈의 진화론이 나오기 전까지만 해도, 다수

Desert
Poulonia Coast
Phormium Cap
Adonide
Alaternus
Actee
Allium
Anturia
Port Aucuba
Astilbe
Pyrus Harbour
41°26
31°53'
15°12'
12

의 생물종이 하나씩 창조되었다는 창조론이 우세했다. 다시 말해 각각의 식물들은 각기 다른 종이라는 말이다.

또는 일부 학자들이 주장한 대로 대륙이나 섬 사이를 육교처럼 이어주는 땅이 있었고, 그 육교를 통해 식물의 교류가 이루어졌을까? 이러한 주장은 영국과 같은 섬과 해협 너머 멀리 떨어진 대륙에서 보이는 식물상의 유사성을 뒷받침해주었다. 1912년 알프레드 베게너Alfred Wegener는 강의 중에 처음으로 대륙이동설이나 판구조론 같은 이론들을 제시했다. 하지만 이 이론들이 입증되려면 증거자료를 꾸준히 보충해 과학계 회의론자들을 설득해야 했다. 따라서 20세기 후반이 될 때까지 기다려야 했다.

어쨌든 창조론뿐만 아니라 육교설도 찰스 다윈을 설득하지 못했다. 찰스 다윈이 자신의 편지에서 과거 해안선에서 중요한 변화들이 일어났다고 언급한 것처럼 육교설에 대해 전적으로 반대 입장을 표한 건 아니었지만, 그 문제를 바라보는 관점이 달랐다. 다윈은 식물들이 공기, 동물, 특히 물과 같은 운반체를 발판 삼아 아주 먼 거리까지도 자신의 씨앗을 분산할 수 있다고 확신했다. 하지만 각기 다른 대륙에서 아주 멀리 떨어진 섬들의 식민지화를 설명할 또 다른 가능성은 발견하지 못했다. 인간이 바닷길을 개척하며 지구 곳곳을 탐험하게 되었듯, 식물도 물 덕분에 전 세계로 퍼져나갔음에 틀림없다고 생각했다.

다윈은 자신의 이론을 입증하기가 쉽지 않았지만, 물러서지 않은 것만은 분명해 보인다. 예를 들어, '씨앗이 해수에서 생존력을 지니고 있다'는 증거는 그 어디에도 존재하지 않았다. 그저 며칠, 또는 최대 몇 주간은 견딜 수 있을 것으로 추론할 뿐이었다. 몇 개월이 걸리는 먼 땅에 도달할 때까지 씨앗이 바닷물에서 살아남을 수 있을까? 다윈이 보기에도 생존 가능성은 희박했다. 이론을 뒷받침할 근거를 제시하기 전까지 자신의 주장이 옳다고 끝까지 우길 수는 없는 노릇이었다. 증거를 찾기가 쉽지 않은 창조론이나 육교의 존재를 가정하여 설명하려는 육교설과 달리, 종자의 수생 확산 이론은 쉽게 실험해볼 수 있었다. 해수에서 씨앗의 생존 능력을 확인하는 실험을 고안해보는 것은 불가능하지 않았다. 다윈은 귀리·브로콜리·아마·양배추·상추·양파·무 등 아주 흔한 종의 씨앗을 준비해 일정량의 바닷물을 담은 병에 넣었다. 그런 다음 병을 각기 다른 환경에 놓아두었다.

다양한 환경 조건과 온도가 미치는 영향을 알아보기 위해 씨앗이 든 병을 정원이나 지하실, 심지어 얼음물에 담가두기도 했다. 그런 다음 병에서 씨앗을 꺼내어 일정한 간격으로 심어 발아 능력을 평가했다.

결과는 좋았지만 흥미롭지는 않았다. 바닷물에 며칠간 담가둔 많은 종이 모두 싹을 틔웠지만, 장기간 담가두면 발아율이 급격히 떨어졌다. 게다가 일부 종자에서 조금 재미있는 결과가 나타났다. 예를 들어, 1856년 발표한 논문[1)]에서 다윈은 "양배추·브로콜리·양파의 씨앗들을 담가둔 바닷물은 '상당히 놀랄 정도로' 아주 지독한 냄새를 풍겼다. 그럼에도 물의 부패상태 및 온도변화가 씨앗들의 생명력에는 현저한 영향을 미치지 않았다."고 기술했다.

역한 냄새에도 불구하고, 다윈은 자신이 얻어낸 실험 결과에 들

떠서 가장 친한 친구 중 하나인 유명 식물학자 조지프 돌턴 후커 경 Sir Joseph Dalton Hooker에게 자랑하는 편지를 썼다. 후커는 당시 런던의 큐 왕립식물원에서 20년간 원장직을 맡고 있었다. 그러나 후커는 다윈의 열정에 동조하지 않은 것으로 보인다. 다윈의 추론에서 큰 결함을 발견한 후커는 답장에 이렇게 썼다. "실험한 대부분의 씨앗이 바닷물에 떠 있지 않습니다." 다윈은 자신의 실험이 잘못되었음을 지적하는 후커에게 아주 초보적인 관찰을 놓친 것을 시인하며 속상해한다. 1855년 5월 15일자로 후커에게 곧바로 보낸 답신에서는 배은망덕한 악동들을 소금물에 절이면서 고생한 모든 일이 헛수고였다고 허탈해한다.

다윈은 씨앗-바닷물 실험에 그치지 않고 새롭게 실험 영역을 넓혀나갔다. 물고기도 종자 확산에 중요한 역할을 할 수 있다고 생각한 그는 '육상 동물이 종자 보급에 중요한 역할을 한다면 해상 동물은 어떨까?'라는 의문을 가졌다. 다윈은 자신의 가설을 입증하기 위해 물고기에게 씨앗을 먹이는 실험을 시작하지만 결정적으로 운이 따라주지 않았다.

다윈은 후커에게 '가라앉은 씨앗은 물 위로 떠다닐 수 없다'는 것을 생각하지 못했다며 애석해하던 그 편지에서 '이 지긋지긋한 씨앗' 탓에 불운을 겪고 있다고 이야기한다. 그러고는 물고기가 실제로 씨앗을 먹는지 안 먹는지 알아보기 위해 동물학회Zoological Society로 간다. 다음은 그가 직접 기록한 내용이다.

최근에 모든 것이 어긋나고 있다. 동물학회에서 물고기에게 씨앗을 먹이

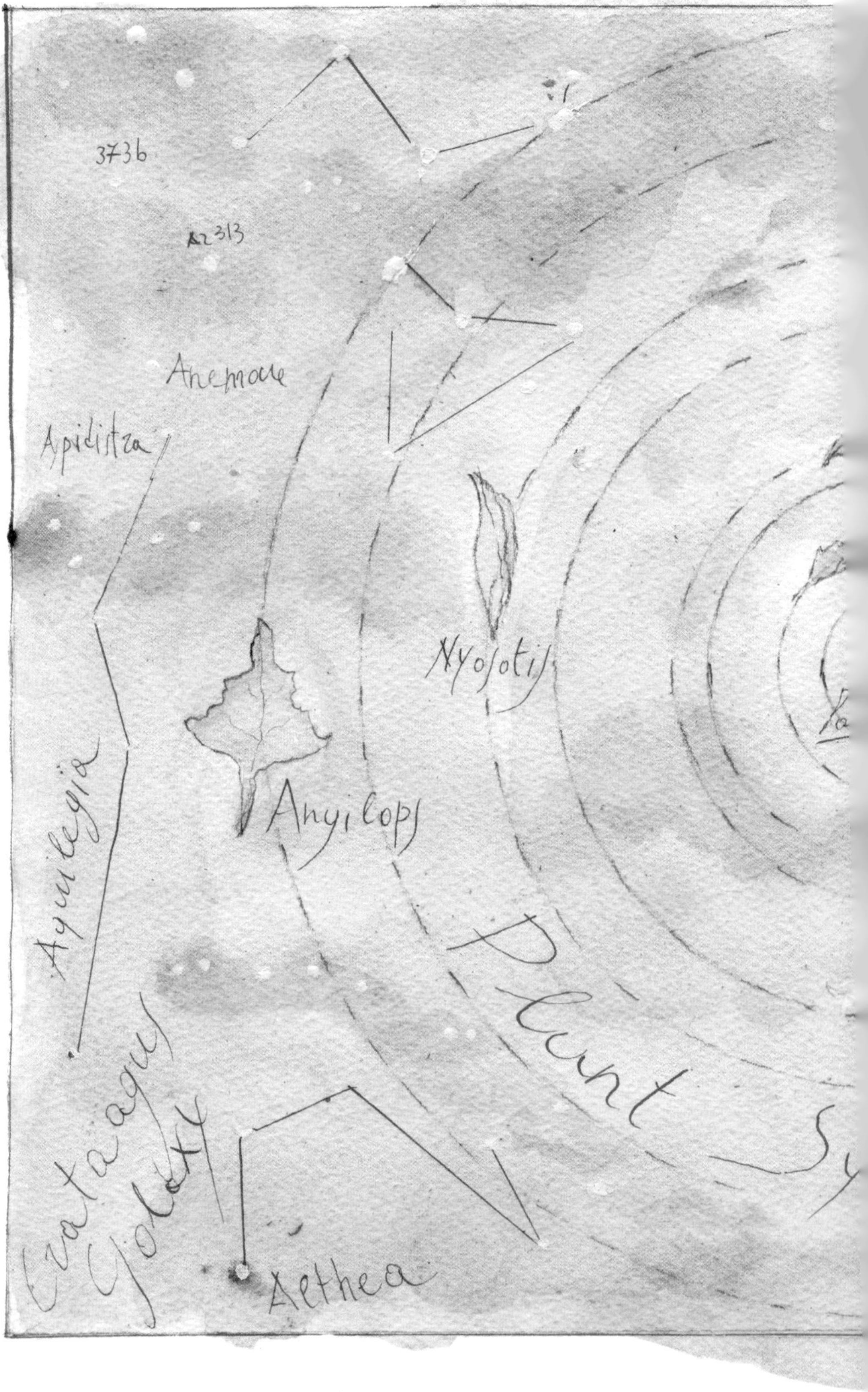

3736

Az313

Anemone

Aspidistra

Aquilegia

Anyilops

Myosotis

Crataegus Galaxy

Althea

Plant Sy

Aiccxba Way

z215

Molvayga

Alcillo

cezcis

Cyprypedyum

leis

Lethines

2713 l

Trifide

ral System

Asphodelus

는 실험을 하면서, 나는 머릿속으로 물고기가 씨앗을 한 움큼 삼킨 뒤 먼 거리를 헤엄쳐서 가거나 아니면 그 물고기를 잡아먹은 왜가리가 수백 마일을 날아가 몇몇 호수 기슭에 내려앉아 그 씨앗을 배설하고 그곳에서 씨앗이 멋지게 싹을 틔울 수 있을 거라는 상상을 한다.

식지 않은 열정으로 실험을 지속하던 찰스 다윈은 마침내 일부 씨앗이 오래 떠다닐 수 있다는 것을 알아냈다. 한 예로, 아스파라거스의 경우 신선한 씨앗은 23일, 마른 것은 86일 동안 물에 뜬다. 그리고 다윈식 계산법에 따라 씨앗이 해류에 실려서 2800마일(약 4500킬로미터)을 이동할 수 있다는 결론을 얻었다.

종자의 수생 확산 문제를 연구한 다윈의 방식은 그의 기준에서 벗어난 다소 비정형적인 것이라고 볼 수밖에 없다. 고집스럽게도 다윈은 자신의 다른 많은 연구처럼, 이미 자연에 존재하는 증거들을 통해서가 아니라 독자적인 실험 방법을 통해 자신의 이론을 뒷받침하는 증거들을 찾았다. 그는 왜 멀리 떨어진 지역에서 흘러들어왔을지도 모를 씨앗의 존재를 영국 해안에서 직접 찾아보려 하지 않았을까? 또한 왜 전 세계 많은 통신원에게 해안에서 씨앗을 발견할 경우 자신에게 보고해달라고 요청하지 않았을까? 만약 다윈이 그렇게 했다면, 자신의 이론이 어느 정도 합리적임을 바로 알았을 것이다.

실제로 모든 식물이 소금물에서 씨앗을 퍼트릴 수 있는 것은 아니다. 이 모험에 성공하는 식물은 드물다. 오늘날 알려져 있는 꽃이 피는 식물 25만 종 가운데 약 250종(0.1퍼센트)만이 해변에서 쉽게 찾아볼 수 있는 씨앗을 생산한다. 이 씨앗의 절반은 한 달 이상 바닷물에 떠다니며 생존할 수 있다. 절반이라는 수는 비교적 적당해 보일 수 있다. 이는 씨앗이 식물의 일부, 즉 나뭇가지나 물에 떠내려가는 뗏목 등에 붙어서 분산된 종들은 고려대상에서 제외했기 때문이다. 따라서 수영 기술을 가진 종은 거의 없다. 식물계에서도 위대한 항해자는 흔히 볼 수 있는 대상이 아니다. 그것이 바로 식물들이 아주 흥미로운 존재인 이유다.

01
신의 열매, 코코넛야자에 얽힌 미스터리

식용 열매를 생산하는 식물을 설명하기에 앞서 일단 코코넛야자(코코스 누치페라*Cocos nucifera*)에 대해 짚고 넘어가자. 코코넛야자는 세계적으로 많은 사람에게 유럽인의 밀과 같은 존재다. 생존을 보장하는 주식인 셈이다.

실제로 코코넛은 버릴 것이 하나도 없다. 만능 맥가이버 칼처럼 보인다. 속이 꽉 찬 작은 컨테이너라고나 할까? 고열량의 음식과 음료수, 거기에 로프를 만들 섬유질, 그리고 숯과 물 위에 떠다니는 배를 만드는 데 쓰이는 껍질까지. 일부 문화권, 특히 동남아시아에서 코코넛야자가 진정한 신성 반열에 오른 것은 놀랄 일도 아니다. 많은 인류공동체의 생존을 책임지는 신*으로 말이다.

코코넛야자를 향한 다양한 숭배자 가운데 특기할 만한 사람이 있다. 그가 코코넛야자를 숭배하는 이유가 하도 엉뚱해서 눈길을 끄는데, 그런 의미에서 한번 다뤄볼 가치가 있다. 그는 우리가 듣도 보도 못한 괴짜로, 20세기 초 황제 빌헬름 2세가 통치하던 독일에서 태어났다.

이 이야기는 바이에른주 뉘른베르크에서 시작된다. 1875년 11월 27일 그곳에서 아우구스트 엥겔하르트August Engelhardt가 태어났는데 그가 바로 이 이야기의 주인공이다. 그는 코코넛만 먹는 나체주의자이자 태양 숭배자 종파, 태양 교단인 손넨오더Sonnenorder|태양의 질서the Order of the Sun라는 뜻|의 창시자다.

아우구스트 엥겔하르트는 물리와 화학을 전공한 뒤 약사 보조로 일하게 되는데, 이때 건강을 개선하려면 자연친화적인 삶을 추구해야 한다고 느끼며 자신의 이상향을 확장해나간다. 그는 채식주의와 나체주의를 기본 원칙으로 성적 해방, 대체 의학, 그리고 전반적으로 자연과 접촉하는 삶을 장려했다. 또한 히피족과 현대 유기농 식품 운동의 이념적 선구자로 여겨지는 철학인 레벤스레포름Lebensreform, 즉 라이프스타일 개선 운동에 적극 참여했다. 그러나 엥겔하르트의 철학은 레벤스레포름보다 훨씬 더 급진적이었다. 그는 채식만으로는 건강하고 행복하게 장수할 수 없다고 생각했다. 이 목표를 달성하려면 좀 더 극단적인 행동이 필요하다고 주장한

* 한 예로, 인도의 한 종파는 모든 여행자의 생존을 보장하기 위해 태평양에서 발견된 작은 섬이나 새로운 환초(고리 모양으로 배열된 산호초—옮긴이)에 코코넛야자를 심는 일을 종교적인 교훈으로 삼았다. 두 파트로 출판된, 에밀리오 키아벤다Emilio Chiavenda의 논문을 인용한 이 이야기는 코코넛야자에 대한 지식을 확장하는 데 근본적으로 기여했다. Emilio Chiavenda, "La culla del cocco", *Webbia*, 5(2), 1923, pp. 359–449.

그는 다음과 같은 논리를 제시했다.

"모든 식물이 갖고 있는 신성함이 다 똑같지 않으며, 다른 식물과 달리 태양신과 아주 가까운 신성을 지닌 식물이 있다. 그것은 바로 가장 신성한 열매인 코코넛야자이며 그것을 가능한 한 많이 섭취해야 한다. 그렇지 않으면 질병이나 노화로 수명이 단축될 수 있다."

엥겔하르트는 벌거벗고 지내며 코코넛만 채집하여 먹고 자유롭게 사랑을 나누는 라이프스타일이 딱 마음에 들었다. 하지만 독일에서는 현실적인 벽에 부딪혀 자신의 이상을 실현할 수 없음을 알게 된다. 1902년 7월 마침내 그는 물려받은 많은 재산을 현금으로 바꾸어 9월 15일 현 파푸아뉴기니의 일부인 비스마르크 제도에 정착한다.

이곳에서 그는 코코넛과 바나나 수확을 위해 카바콘Kabakon섬의 75헥타르(75만 제곱미터)를 41만 마르크를 주고 구입한다. 이 산호섬의 나머지 50헥타르(50만 제곱미터)는 멜라네시아인 40명의 거주자 보호구역이었다. 엥겔하르트는 그 섬의 유일한 백인으로 방 3개짜리 작은 집을 지은 뒤, 발가벗은 채 지내며 열대 과일을 먹기 시작한다. 섬에 머무르는 동안 그는 "태양은 생명의 원천이 되는 신성이고 코코넛은 태양과 가장 가까이 자라는 열매이므로, 코코넛은 인간이 섭취할 수 있는 최고의 음식임에 틀림없다."라고 주장하며 코코넛야자에 대한 자신의 철학적 관념을 심화시킨다. 그는 인간이 코코넛만 먹으면 불멸의 상태가 될 수 있다고 단언한다. 그러고는 오른쪽 다리에 궤양이 생긴 후 자신의 상태를 이 지경으로 만든 (과거에 먹었던) 다른 열대 과일들을 비난하며 코코넛 열매만 양식으로 삼는다. 그 순간부터 엥겔하르트는 생을 마감할 때까지 코코넛 외에 다른 과일들은 먹지 않았을 것이다.

세상에 존재하는 유일한 코코넛 성애자였던 엥겔하르트는 보다 많은 사람이 코코넛 숭배에 동참해야 한다고 생각한다. 인류의 운명을 더 좋은 방향으로 이끌 수 있는 이러한 지식을 혼자만 알고 있는 것은 인류의 불행이라고 믿는다. 그는 코코넛 숭배에 관한 복음을 전하고 숭배자들을 모으고 싶어 했다. 그래서 그는 독일에서 자신의 이상향을 설파하고, 신규 입회자들에게는 섬까지 오는 뱃삯을 대주기로 한다. 홍보활동이 큰 효과를 거두지는 못했지만, 추종자들이 하나둘씩 카바콘에 도착한다. 시간이 지나면서 숫자가 줄어들고 드문드문 섬에 도착한 사람까지 합쳐 공동체 구성원은 최대 30명에 이르렀다. 그런데 새로운 추종자들 중 다수가 섬에 도착한 지 얼마 지나지 않아 영양실조, 감염 및 말라리아로 사망한다. 이는 심각한 문제였다. 카바콘의 코코넛 성애자 사망률이 같은 섬에 사는 멜라네시아 원주민의 사망률보다 월등히 높다는 사실 때문에 엥겔하르트 식단에는 적신호가 켜졌다.

독일 당국은 관행에 따라 독일령 뉴기니 제도의 카바콘섬 신규 입회자들에게 높은 예치금을 내도록 요청한다. 당국의 설명에 따르면, 그 돈은 입회자들에게 꼭 필요한 병원 치료비로 사용될 것이었다. 나중에 코코넛야자 숭배자 공동체의 생활 조건이 지속될 수 없다고 판단되면 더 이상 섬에 들어갈 수 없도록 금지하고, 공동체 해체를 선언할 것이라고 했다.

엥겔하르트는 다시 홀로 남게 된다. 가끔 간신히 살아남은 회원

Rhammuscae
Abutilon Island
Adoris Sea
Alyssum
Abutilon Gulf

들, 아니면 뉴기니 관광 코스 중 하나인 '카바콘에 가서 유일하게 남은 코코넛만 먹는 사람과 사진 찍기'에 호기심을 갖고 찾아온 독일 관광객들과 함께할 뿐이었다. 그렇게 남겨진 일련의 사진들에서 그의 모습을 엿볼 수 있다. 장발과 덥수룩한 수염에 관광객이 방문할 때만 아랫도리를 천으로 가린 알몸의 엥겔하르트의 모습을 말이다. 그는 점점 더 쇠약해지고, 영양 결핍 때문에 생긴 수많은 궤양을 가리려고 다리에 칭칭 감은 붕대의 양이 점점 늘어났을 것이다.

1919년 5월 6일, 그는 해변에서 숨이 끊어진 채로 발견되었다. 병원에 입원한 추종자 중 최후의 1인은 엥겔하르트가 죽고 나흘 뒤인 5월 10일 사망해 코코포Kokopo 독일 묘지에 묻혔다. 이로써 코코넛 숭배자들의 대서사시가 막을 내린다.

나는 '폭풍우 치는 바다처럼 미쳐 날뛰는 미치광이'라는 표현이 딱 어울리는 아우구스트 엥겔하르트 같은 괴짜들의 이야기에 관심이 많다. 아우구스트 엥겔하르트 자체만으로도 좋은 이야깃거리가 된다. 하지만 내가 엥겔하르트의 이야기를 하는 진짜 이유는 실제 엥겔하르트의 활동기록이 코코넛야자의 확산과 관련된 중요한 문제에 대해 이야기할 기회를 제공해주기 때문이다. 그러니 아직 끝나지 않은 아우구스트 엥겔하르트의 이야기를 조금만 더 인내심을 갖고 들어주길 바란다. 이는 엥겔하르트의 유산에 관한 이야기라기보다 토지에 관한 이야기다.

엥겔하르트는 수년 동안 그를 보러 찾아온 많은 관광객뿐만 아니라, 섬에 합류한 추종자들에게 신성을 전파하기 위해 항상 일정 수의 코코넛을 선물로 나눠주었다. 추종자 중 많은 사람이 전형적인 초보 신봉자들의 열정을 품고 이전에는 코코넛야자가 존재하지 않았던 섬 연안에 코코넛야자를 퍼트린다. 이것이 바로 코코넛야자의 주요 문제와 우리를 이어주는 연결 고리다. 오늘날까지도 코코넛야자가 어디서부터 시작되어 어떻게 전 세계로 퍼져나갔는지 명확하지 않다.

수 세기 동안 코코넛야자 열매는 북유럽의 많은 지역에서 대표적인 미스터리였음에 틀림없다. 세계의 먼 나라에 아이의 머리통만큼 큰 열매를 생산할 수 있는 야자가 있다는 정보를 접하기 전까지는 말이다. 유럽인들은 바다에 둥둥 떠다니다 노르웨이나 아일랜드 연안에 상륙한 그 열매를 발견했을 때, 생전 처음 보는 시꺼먼 물체가 나타났다며 '이 부피 큰 물체는 무엇이고, 어디서 온 것일까?' 하고 의아해했을 것이다.

유럽에서는 수 세기 동안 코코넛의 존재가 거의 또는 전혀 알려지지 않았다. 코코넛은 마르코 폴로의 《백만의 서Il Milione》[유럽과 미국 등에서는 《마르코 폴로의 여행기》로, 한국과 일본에서는 《동방견문록》으로 출간됨]에서 처음 소개되었고, 이어서 1519~1522년에 안토니오 피가페타Antonio Pigafetta와 페르디난도 마젤란Ferdinand Magellan이 인류 최초로 세계일주에 성공하고 기록한 탐험 연대기 《최초의 세계일주Relazione del primo viaggio intorno al mondo》에 간단히 기술되어 있을 뿐이다. 동남아시아를 탐험하는 동안 과일의 특성을 알고 배워 온 스페인과 포르투갈 사람이 재배 가능한 기후를 갖춘 지구 곳곳에 퍼트리지 않았더라면, 지금까지 코코넛의 존재를 알 수 없었을 것이다.

코코넛야자는 스페인과 포르투갈 사람이 광범위하게 확산시키기 시작한 16세기 훨씬 이전부터 어디선가 이미 존재하고 있었다. 그렇다면 원래 존재하던 곳에는 어떻게 도달했을까? 엥겔하르트 추종자들이 그랬듯이 코코넛야자를 퍼뜨린 사람이 있었을까? 그렇지 않으면 씨앗이 바다를 횡단할 수 있는 항해 능력을 갖추고 있는 것일까? 무엇보다 극동으로 퍼져나간 아메리카 대륙의 고유종일까 아니면 그 반대일까? 이 의문점들에 대해 순서대로 차근차근 살펴보겠다.

첫 번째 논점은 콜럼버스가 아메리카에 상륙했을 때 코코넛야자가 이미 존재했는지 아닌지에 대한 것이다. 이에 대해서는 전혀 알 수가 없다. 아메리카 대륙에 도착한 최초의 탐험가 중 누구도 코코넛야자의 존재를 언급하지 않았기 때문이다. 크리스토퍼 콜럼버스Christopher Columbus, 아메리고 베스푸치Amerigo Vespucci, 에르난도 데 소토Hernando De Soto, 후안 폰세 데 레온Juan Ponce de León 등은 코코넛야자와 유사해 보일 만한 어떤 야자도 언급하지 않았다. 중앙아메리카의 니카라과에 있는 코코넛야자를 언급한 인물은 역사가 곤살로 페르난데스 데 오비에도Gonzalo Fernández de Oviedo가 유일하다. 하지만 그가 묘사하는 열매의 몇몇 특징을 보면 다른 야자에 속하는 듯하다.

우리가 중앙아메리카의 아주 작은 지역에 코코넛야자가 존재했다고 확신한다 하더라도, 왜 그것이 중남미의 다른 지역으로 퍼지지 않았는지에 대한 미스터리는 남을 것이다. 여기서 자신 있게 말할 수 있는 것은 포르투갈 사람들의 재배 덕분에 오랜 시간이 흐른 뒤에나마 우리가 코코넛야자의 존재를 알게 되었다는 것이다[인도를 탐험한 포르투갈 출신의 탐험가 바스코 다가마Vasco da Gama의 선원들이 유럽에 처음으로 코코넛야자를 가져왔음].

원산지를 아메리카라고 보는 이유는 사실상 아시아에는 또 다른 코코세아에*Cocoseae*[코코넛야자족]*가 없고 코코넛야자와 가장 가까운 친척이 남아메리카에서 자란다는 것 때문이겠지만, 그 종의 원산지가 아메리카라고 주장하기에는 설득력이 좀 떨어진다. 사실 남아시아에서는 코코넛야자가 잘 알려져 있었고, 게다가 일반적으로 유전적 다양성genetic diversity은 원산지 중심 지역에서 가장 높게 나타난다. 간단히 말해, 이러한 논쟁들이 식물학자 같은 이상한 사람들에게는 흥미진진하게 들리겠지만, 그 밖의 다른 사람들에게는 혼란만 더해줄 뿐이다. 그러니 이제 그만하고 본론으로 들어가자.

코코넛야자의 남아메리카 기원설의 토대는 식물학자가 아닌 노르웨이의 유명한 인류학자이자 고고학자이며 탐험가인 토르 헤위에르달Thor Heyerdahl의 학설에서 비롯되었다. 그는 뗏목 콘티키Kon-Tiki호를 타고 감행한 모험으로 세상을 발칵 뒤집으며 1950년대에 유명인사가 되었다. 그 모험은 1947년 헤위에르달이 잉카 전통 방식으로 만든 발사나무balsa[열대 중앙아메리카산 목재의 일종] 뗏목을 타고, 페루의 가장 중요한 항구인 카야오항을 출발, 훔볼트해류[남극 대륙 부근에서 발원하여 페루 해안을 따라 적도 쪽으로 흐르는 한류로, 페루

* 다양한 종들이 종려과의 코코넛야자족에 속하며 코코넛야자*Cocos nucifera*도 여기에 포함되어 있다.

해류라고도 함)를 이용해 현재의 프랑스령 폴리네시아에 딸린 투아모투 제도에 상륙한 것을 말한다. 이 횡단여행 덕분에 남아메리카 원주민들이 폴리네시아에 이주할 때 고구마나 코코넛야자 같은 식물을 들여오면서 그곳을 식민지화했을지도 모른다는 이론적 가능성이 대두했다.

이를 토대로 헤위에르달은 이 아메리카 원주민들이 자신이 만든 배와 비슷한 배를 타고 폴리네시아를 최초로 식민지화했다고 주장한다. 이 주장은 매우 그럴듯하지만 유전자 검사는 정반대의 결과를 보여주었다. 실제로 폴리네시아인의 미토콘드리아 DNA는 남아메리카인의 DNA보다 동남아시아 원주민들의 DNA와 훨씬 더 유사했다.[2)] 남아메리카의 식민지화는 다른 방식이 아닌 동남아시아 원주민들에 의해 이루어졌다.

일련의 가설들을 바탕으로 자신의 학설을 내세운 헤위에르달의 가설 가운데 하나가 전형적인 식물의 특징이다. 바로 이미 우리가 알고 있는 아시아와 중앙아메리카에 있는 코코넛야자다. 다른 가설은 적어도 기원전 2000년부터 남아메리카에서 재배된 고구마 *Ipomoea batatas*의 분포에서 비롯되었다. 1200년에 이미 폴리네시아에 존재하던 그 식물은 남아메리카 출신임에도 어떻게 폴리네시아에 당도할 수 있었을까?

헤위에르달은 항해에 오른 남아메리카 선원들이 콘티키호와 유사한 배에 탑승했을 것이라 믿었다. 이 가설 역시 틀린 것이었다. DNA가 또다시 등장하여 최근 고구마 확산에 관련한 모든 의문을 한꺼번에 해결해주었다.[3)] 고구마는 남아메리카 출신으로 인간이 발을 들여놓기 훨씬 이전에 폴리네시아에 상륙한 식물이라는 것이다. 이로써 고구마 확산에 대한 의문점은 해소되고, 하나의 위대한 항해자 코코넛야자만 남았다. 우리는 아직까지 이른바 '스모킹 건smoking gun(결정적 단서)'을 가지고 있지 않지만, 대다수 학자는 코코넛야자가 동남아시아에서 남아메리카로 들어가면서 고구마의 여정과는 반대의 경로를 택했을 것이라 믿고 있다.

코코넛야자가 남아메리카에 혼자 들어왔든 인간과 함께 들어왔든 간에, 식물계의 위대한 항해자 중 하나임에는 틀림없다. 코코넛야자는 4개월 이상 해수에서 생존 가능하고, 고구마처럼 자신이 정착한 태평양 전역으로 해류를 가로질러 널리 퍼지면서 대륙 전체의 역사를 바꾸었다.

02
자연에서 가장 큰 야생열매를 가진 칼리피제야자

코코 드 메르coco de mer(로도이세아 말디비카*Lodoicea maldivica*)로 불리는 이 야자는 절대 확산되지 않기 때문에 더욱 탐나는 식물이다. 실제로 이동성이 가장 떨어지는 식물종 중 하나로, 아프리카 인도양 서부의 섬나라 세이셸의 쿠리우스Curieuse와 프라슬린Praslin, 단 두 군데 섬에서만 분포하는 게 증명되었다. 그럼에도 불구하고 코코 드 메르의 이야기는 바다와 관련이 있다.

세이셸의 자생종임에도 왜 몰디브라는 뜻의 말디비카*maldivica*라고 부르는지 궁금하다면 식물학자들이 어떤 사람들인지 여태 모르고 있었다는 얘긴데, 이제라도 식물학자들이 얼마나 묘한 부류인지 알아야 할 것이다. 그들은 합리적으로 명명된 로도이세아 세이셸라룸*Lodoicea sechellarum*을 로도이세아 말디비카로 바꿔버렸다. 이처럼 세이셸에 서식하는 종명을 바꿀 정도이니 더 말해 무엇 하랴. 좋다. 세이셸의 고유종*을 몰디브라고 부르는 것은 약간 엉뚱한 감이 없진 않지만, 여기까지는 그래도 너그러이 봐줄 수 있다. 하지만 용서할 수 없는 것은 알려진 식물명을 전부 바꾸고 싶어 안달 난 식물학자들이 개명 충동을 억제하지 못하고 밀어붙인 끝에, 에덴동산이라는 별칭을 가진 그 섬에 새로 태어난 아담처럼 이 야자의 학명도 재탄생시켰다는 것이다. 식물학자들은 이 고유종에게 가장 어울리는 이름을 빼앗고 '아름다운 엉덩이를 가진 로도이세아'라는 뜻의 로도이세아 칼리피제*Lodoicea callypige*라고 명명했다. 만약 이 종의 웅대한 씨앗을 한 번이라도 본 적이 있다면, 왜 그런 학명을 붙였는지 고개를 끄덕일 것이다.

내가 알기로는 로도이세아가 프랑스의 루이 15세 국왕을 기리기 위해 루이스Louis를 라틴어화한 로도이쿠스Lodoicus에서 파생된 것이지만, 어쩌면 왕이 아닌 이름[그리스신화에 나오는 트로이의 마지막 왕 프리아모스와 헤카베 사이에서 태어난 딸 라오디케를 가리킴]과 관련 있다는 설이 맞을지도 모른다. 그건 그렇다 치더라도, 이 의문의 야자가 로열패밀리인 것만은 틀림없다.

* 로도이세아 말디비카는 세이셸에서만 자란다. 그러므로 그 식물은 세이셸군도의 고유종(제한된 지역에서 자생해 온 종)이다.

이 야자는 몇 가지 기록을 보유하고 있다. 호박처럼 무거운 열매를 생산하는 일부 재배식물을 제외한다면, 자연에서 가장 큰 42킬로그램짜리 야생열매와 단일 종자로 최대 17킬로그램이나 되는 가장 무거운 씨앗을 생산하고, 알려진 다른 야자들보다 가장 긴 최대 4미터짜리 떡잎과 가장 큰 암꽃을 가지고 있다는 기록이다. 이런 보유 기록만으로는 성에 차지 않은 듯 씨앗계의 거인들은 '칼리피제'라는 형용사에 딱 들어맞게 생김새도 웅대하다. 실제로 씨앗은 여성 골반과 완벽하게 닮았다.

1743년 프랑스 항해사인 라자르 피코Lazare Picault가 세이셸 제도를 광범위하게 탐사했던 당시 그는 그때까지 알려진 적 없는 이 거대한 견과에 대해 간단히 설명했다.

이 야자들은 자신들의 기원과 치유 능력에 대한 전설을 만들어내며, 때때로 속이 텅 빈 상태로 둥둥 떠다니다가 몰디브 근처 해변에까지 이르렀다. 가장 널리 알려진 이야기 중 하나가 바로 신화에 등장하는 파우센지pausengi라는 나무의 열매인데, 자바 남쪽 바다 깊은 바닥에 뿌리를 내리고 자라는 나무에서 이 비정상적인 열매가 달린다고 믿었다. 그런 이유로 이 야자를 현재까지도 코코 드 메르, 즉 바다야자라고도 부르는 것이다. 그 나무의 몸통 주위에는 소용돌이가 치고 있어, 경솔하게 접근하는 배들은 속절없이 빨려 들어간다고 전해진다.

또 다른 이야기는, 그 야자의 나뭇잎이 어쩌면 로크[독수리와 콘도르를 거대하게 확대시킨 새로서, 전설에 나오는 거대한 환상동물. 아랍지역의 설화를 모은 《천일야화》에 등장함] 같은 굉장히 몸집이 큰 새들의 보금자리로 선택되었을지도 모른다는 것이다. 로크는 매일 밤 지상으로 먹이 사냥을 나가, 코끼리 · 호랑이 · 코뿔소 등 거대한 짐승들을 날카로운 발톱으로 재빠르고 가볍게 낚아채서 공중으로 날아오른다고 한다. 로크가 선택했을 정도니 그 나무의 열매 또한 효능이 뛰어날 수밖에 없다고 믿었다. 그리하여 실제 그 열매는 전통적으로 모든 독의 해독제로 여겨졌다.

파우센지 나무와 그 놀라운 열매의 이야기는 17세기 후반에 독일 박물학자 게오르크 에버하르트 룸프Georg Everhard Rumpf(그는 라틴어식 이름 룸피우스Rumphius를 더 좋아했다)가 쓴 《암보이나섬 식물지Herbarium Amboinense》에 나온다. 그 책은 룸피우스가 오늘날의 동부 인도네시아 말루쿠 제도에 속하는 암본섬에 머무를 당시에 쓴 열대식물에 관한 이례적인 글이다.

룸피우스는 진정한 식물학계의 챔피언이었다. 그는 말루쿠 제도에 머무르는 동안 이전에 알려지지 않은 아주 많은 식물종을 식별하고 설명했다. 여러 차례 비극적인 일을 겪으면서도 꿋꿋이 큰 업적을 이루어 유럽에서는 '플리니오 인디쿠스Plinio indicus(동인도의 대플리니우스)'라는 별명을 얻었다.

그는 1670년 43세에 녹내장으로 시각장애인이 되었다. 엎친 데 덮친 격으로 1674년 암본에서 발생한 지진으로 인해 룸피우스가 난초의 학명에 이름을 바친 그의 사랑하는 아내 수잔느와 아들을 잃게 된다. 1687년에는 큰 화재가 발생하여 그의 도서관, 수많은 원고, 원본 삽화들이 몽땅 소실되었다. 수년간 온갖 노력을 기울인 끝에 유실된 작품을 복원한 다음 출판을 위해 암스테르담으로 향하는 배에 작품을 실어 보냈는데, 공교롭게도 그 배가 프랑스군의 공격을 받아 좌초되었다. 다행히 복사본이 남아 있어서, 1696년 드디어 그 복사본이 암스테르담에 도착한다. 하지만 네덜란드 동인도 회사는 그의 책에 너무 민감한 정보가 많다는 이유로 약 50년간 출판을 허용하지 않았다. 룸피우스는 1702년 암본에서 사망했고, 《암보이나섬 식물지》는 그의 사후 1741년에서 1750년 사이 출판되었다.

이 책은 실로 엄청나다. 2절판folio[초창기 유럽에서 인쇄된 대형 사이즈(305×483mm)의 책]에 7권, 1660쪽, 695판, 게다가 어마어마한 양의 데이터. 놀랍지 않은가! 이는 애서가인 나의 버킷리스트이자 무한한 기쁨의 원천이다. 다양한 종, 전설, 상상의 세계에나 있음직한 일들과 있음직하지 않은 일들이 벌어지는 환상적인 이야기들. 룸피우스는 전형적인 과거의 식물학자다. 시적이고 판타지가 난무한 세계는 그 당시 박물학자들의 작업 도구 중 하나가 되곤 했는데, 그 역시 이를 도구로 이용했다.

로도이세아 말디비카 또는 로도이세아 세이셸라룸 등의 학명이 부여되기 전, 룸피우스는 이 알려지지 않은 식물에 다음과 같은 많은 이름을 지어주었다. 잉크통 뿌리, 벌거벗은 나무, 퀴퀴한 아마란서스, 간통 식물, 토성의 수염, 파리의 제왕, 기억의 잔디, 불가사리, 푸른 음핵陰核의 꽃, 요정의 머리카락, 밤의 나무, 주홍 사브르, 슬픈 잔디, 밤의 연인, 맹인나무, 결혼적령기의 처녀식물[4]. 선원들이 탐험 중에 원산지를 알 수 없는 이 엉덩이 모양의 거대한 견과를 발견하고 설명할 때도, 룸피우스는 알려진 정보를 수집한 자신의 글을 이용할 수 있게 해주었다. 이로써 알려지지 않은 위험한 땅에서 온 것으로 추정되는 그 견과에 대한 미지의 정보들을 상상력으로 보충하는 데 도움을 주었다. 1743년 룸피우스의 걸작이 사후 출판되자, 아름다운 엉덩이를 가진 견과가 서식하는 땅이 확인되어 그 기원에 관한 미스터리가 풀렸다.

하지만 이 식물의 미스터리는 아직 많으며, 그중 일부는 오늘날에도 여전히 풀리지 않은 채 남아 있다. 그 예로, 수분[현화식물에서 수술의 꽃가루가 암술머리에 붙는 일]법을 들 수 있다. 로도이세아 말디비카는 암수가 각각 독립된 개체인 암수딴그루 야자다. 개화 기간에는 알아보지 못할 리가 없다. 수나무는 누가 봐도 확실한 남근 형상의 거대한 미상화서ament(꼬리모양꽃차례)가 달린다. 이 특이하고 에로틱한 형태 때문에 섬에서는 이 나무가 서로 사랑을 나눈다는 믿음이 널리 퍼져 있다. 이 전설에 따르면, 달빛이 없는 어두컴컴한 밤에 수나무가 짝짓기를 하려고 스스로 땅에서 뿌리째 뽑혀 암나무에 다가가 열정적으로 사랑을 나눈다는 것이다. 이 은밀한 행동이

들킬세라 그들이 신중을 기했음에도, 누군가가 그 장면을 엿본다면 그는 큰 화를 입을 것이라고 한다. 즉 죽거나 눈이 멀게 될지도 모른다.

아직까지 확증된 것은 아니지만, 이 종의 수분 방법은 평범해 보인다. 말하자면, 일부는 풍매wind-fertilization, 즉 수나무에서 꽃가루가 바람에 날려 퍼지며 암나무에 옮겨진다. 또 다른 일부는 보통 야자 꽃을 먹으러 찾아오는 화려한 빛깔의 작은 낮도마뱀붙이속*Phelsuma*, 데이 게코day geckos가 꽃가루를 암나무에 옮기는 듯하다.

최근 비정상적인 크기의 로도이세아 말디비카 씨앗과 열매에 관한 미스터리를 풀어줄 만한, 아니면 적어도 충족할 만한 주장이 제기되었다. 과연 씨앗이 그렇게 큰 이유가 뭘까? 씨앗의 역할은 가능한 한 종을 많이 확산시키는 것이지만, 무게가 18킬로그램이나 되는 씨앗이 순조롭게 확산하기란 사실상 불가능하다. 그렇다면 도대체 왜 이 씨앗들이 이렇게 크고 무거운 것일까? 그 식물이 취한 확산 시스템이 무엇이든 간에, 식물계에는 그와 유사한 크기와 무게가 나가는 씨앗은 존재하지 않는다. 씨앗 한 개에 그러한 에너지와 물질을 투자하는 것은 식물보다는 일부 고등동물이 취하는 생식 전략에 훨씬 더 가까워 보인다.

일부 동물들은 자손의 생산에 많은 투자를 하며, 길고 힘든 어버이양육parental care[동물의 어미가 새끼를 돌보는 행동. 출생 이후의 새끼 생존율을 향상시킨다]에 전념한다. 식물에서도 이와 비슷한 일이 우연이라도 일어날까? 몇 년 전까지만 해도 식물의 어버이양육을 이야기하면 미친 사람처럼 보일 수도 있었다. 그런 뉘앙스만 풍겨도 비웃음 거리가 되기 일쑤였다. 이는 식물계보다 동물계에 치우친 불균형 가설로, 어버이양육은 고등동물의 유일한 특성으로 생각되었다. 실제로 식물계에서는 상상조차 할 수 없는 일로 보였다. 그러다 차차 상황이 변하면서 일련의 면밀한 연구를 통해 식물 사이에서도 새끼 돌보기가 존재한다는 것이 증명되기 시작했다.

예를 들어, 이런 새끼 돌보기는 멕시코의 반건조 지대가 원산지인 맘밀라리아 헤르난데지이*Mammillaria hernandezii*|선인장과 식물|라는 지름 3센티미터 미만의 아주 작은 선인장에서 보인다. 맘밀라리아 헤르난데지이가 자라는 곳은 비가 거의 내리지 않는다. 따라서 이러한 서식지에 사는 식물들은 빈번한 가뭄 주기를 견디는 데 익숙하다.

이 미니 선인장의 주요 특징은 일단 씨앗을 생산하면 바로 퍼뜨리지 않고 간직하다가 발아에 가장 적합한 조건이 되었을 때 주변 환경으로 내보낸다는 점이다. 맘밀라리아 헤르난데지이는 어미나무의 체내에서 씨앗들을 돌보면서 서식지의 예측 불가능성에 직면하는 법을 가르친다. 실제로 발아된 씨앗은 어미와 함께 가뭄 주기와 비를 경험하며 그것에 어떻게 맞서야 하는지를 배운다.[5] 그것은 새끼를 향한 돌봄은 맞지만, 정확히 말해 어버이양육은 아니다. 실제로 이것은 다른 식물들의 수수께끼를 푸는 열쇠다.

숲속에서 갓 태어난 나무는 독립하기 전까지 어떻게 살아갈까? 숲은 아주 어두운 곳이다. 특히 지면과 가까울수록 더 그렇다. 거기에서 발아된 나무의 씨앗은 오랫동안 빛에 접근조차 할 수 없었을 것이다. 어린나무가 광합성을 할 수 있을 정도의 충분한 높이에 도달할 때까지 자라게 하는 메커니즘은 무엇일까? 몇 년 전에 이 해답을 찾아냈다. 숲에 사는 대부분 식물은 서로 얽힌 뿌리와 곰팡이의 접촉으로 형성된 땅속 네트워크*를 통해 공생한다. 이 네트워크를 통해 씨족clan의 성체식물adult plant**은 생존에 필요한 당분을 공급하면서 가장 어린 새끼들을 돌본다.[6] 식물의 어버이양육은 사실상 고등동물에서 발견되는 것과 크게 다르지 않다. 식물에도 어버이양육이 존재하며 일반적으로 생각하는 것보다 훨씬 더 널리 퍼져 있다.

이제 우리의 코코 드 메르로 다시 돌아와보자. 이 종에도 그와 비슷한 무언가가 있을 수 있다. 씨앗의 크기에 대해 사람들이 멋대로 생각하게 내버려둘 것인가? 2015년 괄목할 만한 연구[7]에서 로도이세아 말디비카의 씨앗이 왜 그렇게 큰지에 대해 설득력 있게 설명하면서 그 수수께끼가 명쾌하게 풀렸다.

연구를 통해 입증된 사실을 보면, 이 야자가 사는 환경은 영양 자원이 아주 부족한 곳이다. 식물 성장을 위한 두 가지 핵심 요소인 인과 질소가 그 섬의 토양에 한정된 양으로 존재한다. 식물은 이러한 한계에 대응하여 자손의 생존 가능성을 높일 수 있는 해결책을 진화시켰다. 발견된 해결책은 실로 놀라운 것이고 우리가 아는 한, 식물계의 우니쿰unicum[라틴어로 유일한 예를 뜻함]의 대표주자가 아닐

* 나무는 곰팡이의 성장에 필요한 당과 같은 유기 분자를 공급하고, 곰팡이는 나무가 필요한 물과 미네랄을 공급한다. 또한 곰팡이는 땅속에서 다른 식물들과 네트워크를 만들어 나무에게서 얻은 영양분을 다른 식물에게 전달하기도 한다–감수자.

** 생장 초기의 어린 식물이 아닌 꽃을 피울 수 있는 생장 후기단계의 식물을 말함–감수자.

까 싶다. 그 야자는 양분과 물을 새끼에게 보내려고 잎을 이용하여 수로관과 깔때기 시스템을 개발했다.

이것은 다음과 같이 작동한다. 잎에 떨어지는 비는 이 통로들을 통해 식물의 아래로 향한다. 나무의 잎을 따라 흐르는 빗물은 동물 배설물·꽃가루·죽은 식물 물질 등 잎에 존재하는 모든 잉여 영양분을 줄기의 가장 아래쪽으로 운반하면서 인산염과 질산염으로 토양을 비옥하게 해준다. 따라서 그 식물 주변의 흙에는 인과 질소가 확실히 더 많다. 이러한 상황에서 자손이 생존을 보장받는 가장 유리한 전략은 씨앗이 어미나무에 최대한 가까이 떨어지는 것이다. 다른 식물에서 일어나는 일과는 정반대다.

로도이세아 말디비카의 조상은 어쩌면 씨앗을 퍼뜨리는 데 동물을 이용했을지도 모른다. 현재의 세이셸섬이 약 6500만 년 전 인도에서 분리되었을 때, 야자는 종자를 퍼뜨릴 운반체를 잃었다. 그 순간부터 씨앗은 땅에 떨어져 그대로 그곳에 머물렀다. 결과적으로 어린나무는 부모의 나뭇잎 그늘 아래에서 성장하는 데 적응해야 했다. 섬에는 코코 드 메르만으로 이루어진 매우 울창한 숲이 형성되었는데 그들의 그늘에 적응하지 못한 다른 식물종들은 곧 추방되었다.

이 야자가 세이셸섬에 영구 정착하여 적응하게 된 미스터리의 결말은 이렇다. 어린나무는 어미나무 가까이 떨어지면서 부모와도, 그 옆에 떨어져서 발아한 씨앗들과도 경쟁해야 했다. 이러한 조건에서 씨앗이 클수록 에너지 보유량이 많아지므로 그만큼 생존 가능성도 높아졌던 것이다. 이로써 '메가 씨앗'의 미스터리가 풀렸다. 그것은 바로 섬의 진화와 어버이양육 때문이었다. 이제 룸피우스는 흡족해할 것이다.

시간을 여행하는 나무들

4장

목 종려목 | **과** 종려과 | **속** 대추야자속 | **종** 대추야자 | **학명** *Phoenix dactylifera* | **원산지** 북아프리카 | **유럽에서의 첫 출현** 1000년경

과거에서 현재로 온 시간 여행자들이 있다. 그들이 누군지 아는가? 그들은 바로 늘 우리 곁에 있었던 식물들이다. 일부 식물, 특히 수목(나무)들은 그 어떤 동물과도 비교할 수 없을 정도로 수령이 긴 덕분에 시간을 가로질러 아주 먼 옛날에서 오늘날까지 오게 되었다. 또 다른 수목들은 아주 견고하고 변질되지 않는 씨앗 안에 배아를 보호함으로써 시공간을 넘어 자손이 퍼질 수 있도록 한다.

식물계에는 장수 챔피언들이 흔하다. 많은 종이 천 년 이상 살 수 있다. 피누스 론가에바*Pinus longaeva*|소나무속의 종|와 같이 '오래 사는'이라는 이름이 붙은 일부 소나무 중에는 수령이 4천 년 이상인 것도 많다. 그런 이름이 붙여진 것은 우연이 아니다. 실제로 일부

Thuia Island

Northern Sea

Terebinthus Glacier

Scilla Channel

15,3° 17,2° 19,1° 20,9° 21,8° 22,

수종은 5천 년을 살기도 한다. 예를 들어, 므두셀라methuselah[구약 성서에 등장하는 노아의 할아버지의 이름에서 따온 것으로, 성서에 따르면 969년을 살았다고 함]는 캘리포니아에서 자라는 피누스 론가에바의 별명으로 수령이 약 5천 년으로 추정된다. 수십 년 동안 이 나무는 '세계에서 가장 나이가 많은 나무'라는 특별한 지위를 누렸다. 므두셀라는 피누스 론가에바 수종 중에서는 물론이고 식물계를 통틀어서도 최고령이었다. 식물계에서 누구도 넘보지 못할 명백한 특권의 상징과도 같은 그는 불운하게도 제 이름값을 하지 못했다. 같은 종의 다른 많은 소나무가 므두셀라와 수령이 비슷하거나 어떤 경우에는 그보다 더 오래된 것도 있다는 것이 밝혀졌을 때 그의 왕좌는 흔들리기 시작했다.

2008년 스웨덴 우메오 대학교Umeå University의 라이프 쿨먼Leif Kullman 교수가 스웨덴에서 수령이 무려 9560세인 독일가문비나무 *Picea abies*를 발견한 이후로 무드셀라에 대한 관심이 사라지기 시작했다. 화제의 독일가문비나무 올드 티코old tjikko는 최장수 단일 나무라기보다는 수천 년에 걸쳐 나무의 몸통을 여러 번 재생했던 나무다. 쿨먼 교수는 자신의 죽은 반려견을 기리기 위해 이 나무에 반려견의 이름인 티코를 붙여주었다. 뿌리는 죽지 않고 계속 살아 있는 상태에서, 500~700년마다 나무의 몸통을 재생하는 행위는 이 식물이 타의 추종을 불허할 만한 수령을 보장하는 메커니즘 중 하나다.

올드 티코는 실제로 세계에서 가장 오래된 나무다. 인류 문명이 발전하면서 생존을 위해 식량을 구하러 다니는 시간을 줄여준 농업이라는 새로운 산업이 발명되었을 때인 1만 년 전부터 살고 있었다.

물론 미국 유타주에는 수령이 8만 살에 달하고, 43헥타르(43만 제곱미터)의 사시나무숲 전체가 하나의 유기체인 판도pando와 같은 지구 최대 생물체도 있다. 이것은 모든 유전자가 완벽하게 동일한 복제 나무들이며, 수만 그루의 나무가 땅 밑에서 하나로 이어진 단일한 유기체로 구성되어 있다. 판도는 우리의 상상력이 닿지 않는 고대부터 살아온 사실상 불멸의 존재다. 몇 가지를 연대순으로 살펴보자면, 8만 년 전 최초의 네안데르탈인이 유럽에 출현했고 호모 에렉투스는 아직 멸종되지 않았으며, 호모 사피엔스는 그로부터 4만 년이 지나야 등장했다.

이러한 특별한 경우가 아니더라도, 많은 식물의 평균 수명은 동물과 비교가 안 된다. 나무가 여러 세대를 거치면서 수명이 짧은 인간을 대신해 역사의 중대사와 길흉화복을 몸소 체험한 산 증인이라는 사실은 매우 흥미롭다.

영국 링컨셔주 그랜섬Grantham에는 뉴턴이 만유인력의 법칙을 발견할 수 있게 해준 그 사과나무가 아직 남아 있다. 찰스 다윈은 다운 하우스Down House|찰스 다윈이 40년 이상 살았던 집이자 과학적 실험이 이루어진 장소| 주변을 산책하면서 '생명의 나무'를 그려 넣은 《종의 기원》을 집필했다. 한편 떡갈나무는 미국의 많은 주에서 수백 명의 사람을 매달아 교수형에 처하는 데 이용되었다. 남프랑스의 프로방스, 즉 르누아르가 생애 마지막 몇 년을 보냈던 레 콜레트Les Collettes의 농가 정원에는 올리브나무들이 번창하고 있다. 겟세마네

동산[예루살렘의 동쪽 감람산 기슭에 있는 동산. 예수가 처형되기 전날 최후의 기도를 한 곳으로 유명하다]에도 지상에서 예수의 마지막 시간을 지켜본 목격자인 올리브나무들이 살고 있다.

이처럼 많은 나무가 과거에서 온 진정한 시간 여행자 역할을 하며 우리가 역사를 이해하는 데 중요한 증언을 해주고 있다. 이것은 바로 엄청나게 긴 수령 덕분이다. 예를 들어, 나무의 나이테 성장과 구성에 관한 연구를 통해 1242년 골든 호르드Golden Horde['황금의 약탈자'라는 뜻. 남러시아에 세워진 몽골 왕조인 킵차크한국(금장한국)을 가리킴]의 갑작스런 헝가리 철군 배경 등과 같은 역사의 몇 가지 미스터리를 풀 수 있었다.

또한 식물들은 먼 미래까지 자신의 대표주자들을 보낼 수 있는 든든한 에이스 군단을 갖추고 있다. 그 지원군은 바로 씨앗이다. 연구자들은 이 생존 캡슐이 가장 열악한 조건에서도 살아 있는 배아를 보호할 수 있는 완벽한 초자연적 특성으로 본다. 물이나 얼음 속에서도, 사막의 뜨거운 모래에 파묻혀서도, 극한의 온도에서도, 공기·영양분·피난처가 있건 없건 상관없이 수년부터 드물게는 수천 년 동안 발아 조건이 맞을 때까지 배아를 보호하고 운반해준다. 시공간을 넘어 식물의 생명을 전달하는 생존 캡슐은 때로 고전시대의 영웅이 그랬듯, 위업을 달성하면서 큰 공을 세우기도 한다. 이제 시간을 여행한 반신성의 존재인 세 챔피언들에 대해 이야기해보겠다.

01
우여곡절 끝에 싹을 틔운 얀 티링크의 씨앗들

얀 티링크Jan Teerlink는 차와 실크를 교역하는 네덜란드 상인이었다. 향신료와 허브 중개인이었던 할아버지와 약사였던 아버지를 둔 그는 어린 시절부터 좋은 사업원이 되는 식물의 귀중함을 체험하며 자랐다. 게다가 자연과 정원 디자인에 관심이 많은 열정적인 원예가이자 네덜란드 유명 여류작가인 이모 엘리자베스 '베제' 울프 베커Elisabeth(Betje) Wolff-Bekker에게서는 식물이 지닌 아름다움과 효용성을 사랑하는 법을 배웠다. 얀 티링크는 식물에 관한 풍부한 지식을 갖추고 있었지만, 그 길을 가지 않고 상인으로 최고가 되리라 마음먹는다. 그는 자신이 죽은 후 수 세기 동안 뛰어난 상술이 아닌 식물과의 친화력으로 자신의 이름이 널리 회자될 거라고는 꿈에도 생각하지 못했을 것이다. 또한 전쟁·식민지·해적·영국 국립문서보관소로 이어지는 모험적인 상황들이 펼쳐질 거라고도 상상하지 못했을 것이다. 이제부터 씨앗 모험의 세계로 떠나보자.

1803년 얀 티링크는 네덜란드 동인도회사의 직원으로서 남아프리카 케이프타운으로 긴 여행을 떠난다. 그는 남아프리카에 도착하자마자 진정한 식물애호가답게 그 지역 자연에서만 발견할 수 있는 다양한 종들을 파악하고자 식물원을 찾는다. 얀 티링크가 방문한 정원은 케이프타운 중심에 있는 컴퍼니스 가든Company's Garden으로 현재까지 운영되고 있다. '컴퍼니'는 동인도회사를 말한다. 그 정원은 1650년에 설립되어 1803년 얀 티링크가 방문한 그해에도 동인도회사가 여전히 관리하고 있었다.

동인도회사가 하는 모든 사업과 마찬가지로, 그 정원 역시 실용적인 목적을 위해 설립되었다. 그렇게 컴퍼니스 가든은 본국으로 회항하는 배에 필요한 채소와 과일을 생산할 수 있는 실질적인 농장 역할을 했다. 훗날 공원으로 바뀌면서 일부는 식물원으로 현지 식물군이나 희귀 식물들을 수집하여 보관하는 장소가 되었다.

1803년 그 정원을 방문한 얀 티링크는 정원 관리를 맡은 회사 동료들과 이야기를 나누고 나오면서 관심을 끄는 씨앗 몇 가지를 가지고 돌아왔다. 집에서 배운 것을 응용하여 종이 다른 씨앗들을 각각 작은 봉투 안에 넣었다. 티링크는 각각의 봉투에 종명을 표기하고, 종명을 확인할 수 없는 경우에는 그 식물에 대한 다소 상세한 설명을 적어놓았다. 그런 식으로 몇몇 봉투에는 해당 종의 학명 또는 통속명을 정확하게 표기했고, 몇몇은 '작고 붉은 꽃이 달린 가시가 많은 중형 관목'처럼 식물에 대한 간단한 설명을 달았다. 또 어떤 봉투에는 '갈고리 모양의 가시가 많이 달린 나무의 씨앗', '무명의 미모사' 또는 '오렌지강[남아프리카공화국에서 가장 긴 강] 유역을 따라 야만인이 먹어치운 멜론의 씨앗' 등 독창적인 설명을 붙이기도 했다. 이렇게 분류된 다양한 작은 봉투들은 빨간 서류가방 안에 조심스레 넣어져 네덜란드까지 여행할 준비를 마친다. 남아프리카에서 임무를 완수한 티링크는 프로이센 선박 헨리에트Henriette를 타고 귀국길에 올랐다. 그러나 며칠 사이에 네덜란드로 가던 씨앗들의 운명이 뒤바뀌고 만다. 티링크가 탄 배가 전쟁 중 영국 해적에게 나포된 것이다.

1 1 2 3

Nandina

Genysta

C'

Nymphala

Tropaelou
city

Longifolia Passage

Lydia

b''

95

83

62

Wholey

Jasminum Cap

Quercus Bay

Mons Alba

Gardenia

Port Forsyth

Dyanthus

a'''

1 2 3 4

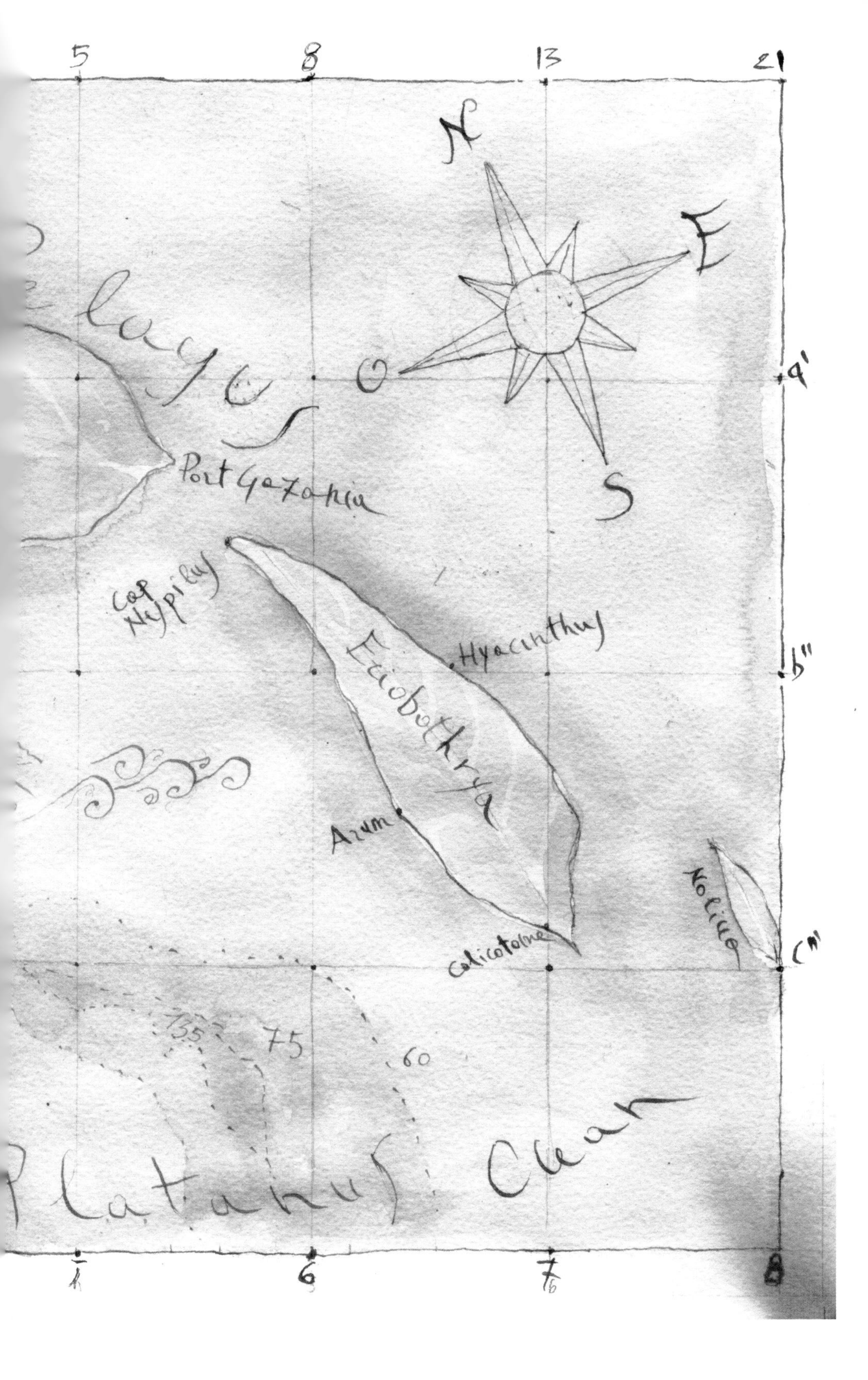

5
8
13
21
N
E
O
S
Port Gazania
Cap Nepilus
Eucobothrya
Hyacinthus
Arum
Calicotome
Nolina
4'
b"
c"
135
75
60
Platanus Ocean
6

그 당시 상황을 살펴보자면, 네덜란드가 무너지면서 프랑스의 보호를 받는 신생국 바타비아 공화국*이 세워졌다. 여기에 더해 네덜란드의 식민지인 케이프타운까지 프랑스가 점유할 경우 영국 입장에서는 인도로 가는 중대 거점인 항로가 막히게 되므로 기를 쓰고 정복하려 했던 것이다.

결국 배에 실린 실크와 차 등의 화물은 영국 해적의 전쟁 전리품이 되었다. 하지만 얀 티링크의 소지품인 빨간 서류가방과 교역 관련 서류들은 전부 압수되어 영국 해군 고등재판소를 거쳐 얼마 후 런던 타워로 보내졌다. 그 후 버려져 있다가 수십 년 전에야 영국 국립문서보관소로 이관되었다. 지난 200년 동안 묻혀 있던 그 서류가방을 네덜란드 왕립도서관의 연구원 룰로프 판헬더르Roelof van Gelder가 발견하지 않았더라면, 그대로 몇 세기 더 방치되어 있었을지도 모른다.

운 좋게도 가방 생산지인 블리싱겐Vlissingen과 티링크라는 이름이 금박으로 새겨진 서류가방은 판헬더르에 의해 세상에 알려진다. 판헬더르는 서류가방을 열어 내용물을 확인했다. 교역 관련 서류 사이에서 남아프리카공화국에서 수집한 씨앗이 담긴 40개의 작은 봉투가 보였다. 판헬더르는 우선 티링크가 그 씨앗들을 가지고 무엇을 하려 했는지 알아보기로 한다. 영국 국립문서보관소는 런던 교외의 매력적인 마을 큐Kew에 위치하고 있었다. '큐'는 식물 연구에 열중하는 사람들에게는 예나 지금이나 성스럽게 여겨지는 곳이

* 프랑스 공화국의 자매 공화국 중 최초로 설립된 곳이자 오래 유지된 공화국이었다(1795~1806년). 네덜란드에 성립된 이 공화국은 사실상 프랑스의 위성국가였다.

다. 이곳 큐와 리치몬드 사이에 식물원이 하나 있는데, 앞서 언급한 바 있는 큐 왕립식물원이다.

두 기관, 즉 영국 국립문서보관소와 큐 왕립식물원이 아주 가까운 거리에 있었다는 사실은 판헬더르가 식물원의 전문가들에게 씨앗이 든 작은 봉투들의 분석을 요청하기로 결정하는 데 중요한 역할을 했을 것이다. 32종의 서로 다른 씨앗들이 담긴 40개의 작은 봉투는 일단 정확하게 종을 식별할 수 있는 유능한 큐 전문가들의 손에 들어갔다. 큐 왕립식물원의 전문가 가운데 그 씨앗들이 나폴레옹 전쟁 때의 것이라는 걸 예측한 사람은 아무도 없었다. 그 씨앗들은 배로 운송되었고, 해적들에게 약탈당했으며, 런던 타워에서 잊힌 채 있다가, 최종적으로 영국 국립문서보관소에 잠들어 있었지만, 여전히 싹을 틔울 수 있었다.

이 씨앗들은 200년 넘게 매우 열악한 상태로 방치돼 있어서 과연 싹이 틀지는 의문이었다. 씨앗 발아에 별 기대는 없었지만, 최상의 발육 상태를 보장하기 위한 가능한 모든 수단을 총동원하여 발아를 시도해보기로 결정했다. 놀랍게도 이 중에 3종이 발아되었는데, 2종은 건강하고 생기 넘치는 원기 왕성한 식물로 자랐다. 200년 이상 된 식물이 싹을 틔울 거라고는 생각하지 못했기 때문에 실험을 진행한 연구원들도 놀라움을 금치 못한다. 처음으로 힘을 낸 종자는 25개 중 16개나 발아된 리파리아 빌로사*Liparia villosa*[콩과식물]라는 관목인데, 그 아기 나무는 끝내 살아남지 못했다. 얀 티링크가 프로테아 코노카르파*Protea conocarpa*로 잘못 분류한 8종 중 하나는 후에 레우코스페르뭄 코노카르포덴드론*Leucospermum conocarpodendron*[프로테아과 식물]으로 확인되었고 건강한 식물로 완벽하게 성장했다. 2013년 이 식물은 일부 절단되어 남아프리카 케이프타운의 웅장한 커스텐보시 국립식물원Kirstenbosch National Botanical Garden으로 '송환'되었다. 태어난 어린나무는 왕위에 오르기 전 악명 높은 런던 타워에서 유폐생활을 하면서도 살아남은 영국의 엘리자베스 1세를 기리는 의미에서 '엘리자베스 1세 공주'라고 불렸다.

02
2천 년 만에 부활한 마사다의 대추야자

예루살렘에서 남동쪽으로 약 100킬로미터 떨어진 유대 사막의 동쪽이자 사해 계곡의 서쪽 끝, 갈색 석회암과 백운석으로 이루어진 암층 지대의 벼랑에는 난공불락의 늠름한 마사다Masada 요새(궁전)가 우뚝 솟아 있다. 기원전 35년경 유대[고대 팔레스타인에 있던 유대인의 왕국]를 다스리던 헤롯 대왕이 반란에 대비하여 궁전을 요새화했다. 마사다는 두 채의 왕궁으로 개축되었는데, 그중 하나는 3단 테라스식으로 지어졌다. 이곳에는 목욕탕, 거대한 저수장, 병영, 병기고와 5미터가 넘는 높은 성벽, 전체 둘레가 1.5킬로미터나 되는 방호벽, 20미터가 넘는 37개의 망루까지 갖추어져 있었다. 이곳은 이스라엘 역사상 중요한 사건의 주 무대가 된 장소이자, 우리의 관심사인 식물이 발견된 장소이기도 하다.

기원전 4년 헤롯이 죽자 그 요새는 로마인의 손에 들어간다. 그

후 서기 66년 유대교의 파벌 중 하나인 유대인 반란군 시카리이 sicarii*가 마사다에 주둔한 로마군을 물리치고 그곳을 점령했다. 시카리이는 로마 통치에 저항하기 위해 결성된 열심당[유대 민족주의자들, 젤로트zealots라고도 부름]의 분파로, 아주 극단적이고 공격적이며 잔인한 보복과 폭력성으로 악명을 떨치던 극렬분자들이었다. 그리하여 시카리이는 유감스럽게도 오늘날에도 여전히 많은 언어에서 암살자와 동의어로 사용된다. 요새를 정복한 반란군은 가족들을 불러 모아 함께 지내며 그곳을 저항의 근거지로 삼았다.

마사다는 난공불락의 요새로 여겨졌다. 사방이 절벽인 데다 요새로 통하는 길은 뱀의 길**처럼 구불구불한 좁은 길 하나뿐이라 공격 방법을 생각해내기조차 어려웠다. 시카리이는 이 견고한 천혜의 요새를 등에 업고 기세등등했을 것이다. 로마인들은 로마제국에 대한 공개적인 반란 행위를 용납할 수 없었다. 서기 70년 로마군이 예루살렘을 함락하고 제2성전을 파괴한 후에도 마사다는 로마 점령에 맞선 저항군의 유일한 최후 항전지로 남았다.

그 당시 많은 유대인이 마사다에 들어가 기거했다. 유대인은 헤

* 시카리이라는 이름은 로마인들이 사용한 시카sica라고도 불리는 트라키아산産의 짧고 휘어진 형태의 단검에서 유래한다.

** 역사가 플라비우스 요세푸스Flavius Josephus는 《유대인 전쟁사》에서 다음과 같이 기록한다. "그들은 그 길을 일컬어 뱀의 길이라고 불렀다. 아주 비좁고 구불구불한 길이 계속 이어지기 때문에 그렇게 부르는 것이다. 이 길에는 여기저기 바위가 솟아 있고 굴곡이 심했다. 그래서 왔던 방향으로 되돌아갔다가 다시 앞으로 조금씩 나아가야 했기 때문에 오르내리는 데 많은 시간이 걸린다. 게다가 양옆이 절벽이라 지나가다가 발을 잘못 삐끗하면 떨어져 목숨을 잃게 될 테니 두 발의 균형을 잘 잡아야 한다. 실제로 아무리 담력이 강한 사람이라도 두려워하지 않을 수 없다. 이 길로 30스타디온 정도(약 5.5킬로미터) 올라가면 정상 봉우리가 나오는데 이곳은 뾰족한 모양이 아니라 평평한 형태를 이루고 있다."

롯의 궁전 건물 일부를 점거하고 유대 교회와 의식용 수조, 작은 주택 등을 만들었다. 그러나 그 상황은 오래 지속되지 못했다. 서기 73년 로마보병군단인 제10군단 프라텐시스Fratensis를 이끄는 로마 총독 루시우스 플라비우스 실바Lucius Flavius Silva는 마사다 주위에 군대가 주둔할 수많은 병영을 짓고 포위 공격을 위해 마사다를 빙 둘러 성벽을 높이 쌓았다. 진지와 긴 포위 성벽 등 고고학적인 유적들에서 반란군에게 로마제국의 힘을 과시하려는 로마인의 의지가 생생하게 느껴진다.[1] 반란군에게 강한 인상을 심어줄 목적으로 특별히 축조된 것도 있다. 예를 들어, 플라비우스 실바는 아무도 넘어갈 수 없는 협곡이나 틈새 같은 산악지에도 포위 공격 누벽을 쌓았다. 이는 누가 봐도 불필요한 것이었다. 하지만 포위된 사람들에게 경고의 메시지를 전달하기엔 충분했을 것이다. 반란군은 로마의 진노를 피할 수 없었다.

요새를 포위 공격하여 반란군을 항복하게 하려는 초기 목적은 뜻대로 이루어지지 않았다. 시간이 지날수록 열심당의 신도들이 항복할 의사를 내비치지 않자, 플라비우스 실바는 전략을 바꾸기로 한다. 유대 저항군을 지켜주는 마사다를 침공할 수 없다는 사실은 그의 승부욕을 자극했다. 마사다 요새로의 접근로가 마땅치 않으므로 새로운 건축물을 구축하는 길밖에는 달리 방법이 없었다. 로마의 군사력은 군대의 기능뿐만 아니라 기술자로서의 특별한 능력도 겸비하고 있었다. 정복 전쟁에서 로마 군대가 도로·다리·성벽·탑·수로 등을 건설하는 것은 흔한 일이었다. 이 건축물의 대부분은 지어진 지 2천 년이 지난 지금도 여전히 그 모습을 유지하고 있다. 현대인의 시각으로 보면, 로마인들이 속도와 효율성을 바탕으로 이 건축물을 지은 것은 기적에 가까웠다.

플라비우스 실바는 건축 기술자들에게 자신의 군대가 요새 안으로 들어갈 수 있는 해결 방안을 요청했고, 그들은 간단하고 독창적인 해결책을 찾아냈다. 그것은 바로 진입 경사로를 구축하는 것이었다. 경사로 건설은 로마 군단의 기술적인 유산의 일부였다. 로마는 포위한 성벽의 높이까지 경사로를 쌓고 공성탑과 다양한 종류의 공격·방어용 병기들을 이용하여 아테네를 시작으로 수많은 도시를 정복해왔다. 그런데 마사다에서 구축한 것은 평범한 경사로가 아니었다. 기존에 구축한 경사로에 비하면 적어도 100미터는 더 높았다. 여기서 로마 기술자들의 기교가 드러난다. 실제로 요새 서쪽 벼랑에는 희고 넓은 바위가 툭 튀어나와 있다. 그곳을 기초로 삼으면 단시간에 경사로를 쌓을 수 있다. 마사다 정복은 이제 시간문제였다.

서기 73년 4월 15일, 로마인들은 요새로 올라갔지만 그곳에서는 정적만 흐를 뿐 사람은 그림자도 보이지 않았다. 마사다의 지도자 엘리아자르 벤 야이르Eleazar ben Jair가 이끄는 열심당 신도들은 로마군에 잡혀서 노예가 되느니 차라리 죽음을 택하겠다며 집단자살을 선택했다. 당시 하수로에 숨어 있던 2명의 여성과 5명의 아이만이 살아남아 간밤에 있었던 일을 전해주었다.

정복 이후, 그 요새는 5세기까지 로마인들이 점령했고 그들이 떠난 뒤 역사에서 잊혔다. 이스라엘의 고고학자 이가엘 야딘Yigael Yadin이 1963년에서 1965년까지 전 세계 수천 명 자원 봉사자의

The Leaf Map

Matthiola

Ophryss

Viburnus Wood

Nasturzio Sea

Tropaeolum Village

Centrathus

Mattiola Channel

Hebe

Vicia

Nespilous Mountain

Verbascum

Nigella Beach

Myoporum Bay

Malva Harbour

Viporilla Sands

Convolvus

Port Malobe

도움을 받아, 포위 공격 중에 세워진 요새 · 궁전과 로마 수용소의 유적 복원을 위한 대대적인 발굴 작업을 시작하기 전까지 버려지고 잊힌 곳이었다. 이 발굴 작업으로 역사 속에 고이 잠들어 있던 마사다 요새가 이스라엘 역사의 초석이 된 장소로 세계의 주목을 받게 되었다. 오늘날에도 이스라엘 군인들은 이곳에 모여 “마사다는 두 번 다시 함락되지 않으리라!”라고 큰 소리로 외치며 국가에 대한 충성을 맹세한다.

발굴 작업 도중 요새 안에서는 큰 석조 건축물 외에 일상생활에서 사용하던 평범한 유물들도 발굴되었다. 당시 발굴된 무수히 많은 물건 중, 우리 이야기에서 가장 흥미를 끄는 것이 등장한다. 점토 항아리 안에 저장되어 있던 대추야자*Phoenix dactylifera* 씨앗이 발견된 것이다. 그 씨앗은 마사다 함락 시점으로 정확하게 거슬러 올라가게 해주었다. 1965년 고고학자들이 분류한 이 씨앗들은 이스라엘 텔아비브에 위치한 바르일란 종합대학교Bar-Ilan University의 창고에서 40년 동안 방치되어 있었다. 2명의 훌륭한 이스라엘 연구원, 사라 샐론Sarah Sallon과 일레인 솔로위Elaine Solowey의 직관력이 없었더라면 이 씨앗은 여전히 아무짝에도 쓸모없는 것으로 취급받으며 잊혔을 것이다.

서력기원 초기에 팔레스타인에서는 대추야자 재배 모습을 흔히 볼 수 있었다. 수확한 대추야자 열매는 주로 말려서 식용하는데, 건조 후에도 좋은 품질을 유지할 수 있었다. 유대의 대추야자 열매는 유대 지방 전역에서 가장 인기 있는 상품 중 하나였다. 이 열매는 맛있는 풍미 외에도 항생제와 항불안제 같은 약재로도 알려져 있었다. 그러나 고대에 이처럼 유명했던 이 야자가 이제는 흔적조차 남아 있지 않다. 대다수의 증언으로 미뤄볼 때, 적어도 1100년경까지는 광범위하게 퍼져 존재한 것으로 보이지만, 그들이 언제 사라졌는지는 정확히 알지 못한다.

확실한 것은 14세기경 마멜루크Mameluke 왕조[이집트의 군인 노예 출신들이 세운 왕조로 마멜루크는 아랍어로 '구입노예'라는 뜻]의 지배 기간에 이 지역의 농업이 전반적으로 매우 심각한 위기에 처했다는 사실이다. 이 기간에 유럽을 여행한 이들도 대추야자 재배에 대해서는 전혀 언급하지 않았다. 1553년경 유대를 여행한 프랑스의 박물학자 피에르 블롱Pierre Belon은 고대 자료에 언급된 대추야자 대량 생산 가능성에 대한 견해를 비웃기까지 했다. 대추야자가 사라진 원인은 확실하지 않다. 일부 학자들은 농장을 파괴한 십자군을 비난하기도 하고, 또 다른 학자들은 오스만 제국의 지배 탓으로 돌리기도 한다. 하지만 대추야자 실종의 가장 유력한 원인은 1000년을 기점으로 그 지역을 괴롭힌 기후변화에서 다시 찾을 수 있다. 11세기에 실제로 그 지역의 기후는 혹독하게 춥고 다습해지기 시작하다 17세기 무렵 정점을 찍었다. 뒤이어 심한 더위와 가뭄이 한 세기 더 이어졌다.[2] 이러한 기후변화는 온도나 배수 및 강수 분포에 변화를 주었다. 이로 인해 대추야자와 같이 물뿐만 아니라 세심한 관리가 필요한 예민한 작물들은 돌이키기 힘들 만큼 해를 입었을 것이다.

원인이 무엇이든 간에, 고대를 주름잡던 그 유명한 작물이 실제로 그 지역에서 영원히 사라졌다. 대추야자를 신화[대추야자의 속명은 피닉스*Phoenix*로 죽을 때 불 속에서 다시 부활한다는 불사조를 뜻한다] 속에 나오는 성서 식물 품종과 아무 관련이 없는 현대 품종을 이용하여 대추야자 재배지로 귀환시키기까지는 발굴 현장에서 발견된 후 50년을 더 기다려야만 했다. 이 고대의 씨앗은 자연의학연구소 책임자인 사라 샐론과 성서 식물 연구자이자 대추야자 재배 전문가인 일레인 솔로위가 아니었다면 영원히 사라졌을 것이다. 2005년 그들은 고고학 발굴 중에 발견된 이 씨앗들이 약 2천 년의 시간을 거슬러 되살아나 발아할 수 있으리라는 터무니없는 가설을 세운다.

그들은 마사다 요새 발굴단에게 기원전 155년에서 서기 64년 사이의 것으로 추정되는 3개의 씨앗을 요구해 건네받는다. 일레인 솔로위는 이 고대 대추야자 씨앗을 따뜻한 물에 담그고 해초로 만든 특별 영양제를 주는 특수처리 과정을 거친 뒤, '나무의 새해'라는 의미의 유대인 축제 투 비슈밧Tu BiShvat 날인 2005년 1월 25일 어느 불모지에 그 씨앗을 심었다. 8주 후 3개의 씨앗 중 하나가 발아했다.[3] 솔로위는 고대 유적에서 나오는 씨앗이 발아하는 일이 극히 드물기 때문에 놀라움을 금치 못했다. 지금까지 싹을 틔운 씨앗 중 가장 오래된 것은 1300년 전 연꽃 식물이었다.[4] 모든 일이 순조롭게 풀린다면, 과거 황금기를 누리던 고대 정통 대추야자가 2천 년 만에 부활해 다시 생산될 수 있었다.

남은 문제는 야자의 성별이었다. 대추야자는 이미 본 바와 같이 암수가 각각 독립된 개체인 암수딴그루 종이다. 만약 그 야자가 암나무라면 만사형통이다. 그러나 그와 반대로 그 야자가 수나무라면 이 유명한 대추야자의 옛 열매에 대해서는 아무것도 알아낼 수 없을 것이었다. 수나무는 씨앗을 받는 것이 불가능하기 때문이다. 므두셀라(이 야자나무에 붙여진 이름)가 성년이 되어 첫 번째 꽃을 피울 때까지 기다려야만 했다. 남자 이름을 붙인 것은 분명 좋은 징조가 아니었다. 이 식물은 2012년 3월에 개화했는데 실제 수나무로 밝혀졌다. 그리고 모든 수컷처럼 생산력이 없었다.

므두셀라는 마지막 남은 기쁨을 주지는 못했지만 희망을 보여주었다. 대추야자는 고고학 발굴 과정에서 흔히 발견되었으며 연구진은 이미 박물관과 대학 창고에 보관되어 있던 동일한 시기의 대추야자 씨앗들로 발아 시험을 시작했다. 그들에게 필요한 것은 약간의 행운이 따라주는 것이었다. 이번에는 2천 년 후에 발아할 수 있는 새로운 시간 여행자인 암나무가 우리 시대로 찾아와 므두셀라와 짝꿍을 이뤄 우리에게 기쁨을 줄 것이다.

03
극한에서 온 씨앗

바를람 티코노비치 샬라모프Varlam Tichonovič Šalamov의 걸작 《콜리마 이야기Kolymskie Rasskazy》를 읽은 사람이라면, 스탈린의 굴라크gulag[1930~1955년 구소련의 강제수용소]는 끔찍한 곳이고 시베리아는 온통 얼음으로 뒤덮여 있다는 것, 이 두 가지는 확실히 기억할 것이다. 이 이야기를 읽은 사람은 누구나 콜리마 하면 혹한이 떠오를 것이다.

이곳은 스탈린 시대 구소련 전체를 통틀어 가장 끔찍한 굴라크 중 하나로 급부상했다. 노동수용소의 생활 조건이 얼마나 참혹했던지 1930년대에서 1950년대 사이에 약 100만 명이 이곳에서 목숨을 잃었다.[5)]

콜리마 지역은 그곳을 흐르는 콜리마강과 같은 이름을 쓰는 지구상에서 가장 추운 지역 중 하나다. 러시아 극동, 정확하게는 시베리아의 북동쪽에 위치하고 있으며 북쪽으로 동시베리아해와 북극해, 남쪽으로 오호츠크해와 접해 있다. 콜리마의 겨울 평균기온은 영하 19도에서 영하 38도까지 이르며, 내륙에서는 기온이 훨씬 더 내려갈 수 있다. 샬라모프에 따르면, 가장 경험이 많은 굴라크 수용자는 온도를 인지할 수 있었다. "얼어붙은 안개가 있다면, 외부 온도는 영하 40도 아래다. 호흡할 때 코에서 잡음이 나고 숨쉬기 힘들다면 영하 45도 이하임을 의미한다. 숨 쉴 때 시끄러운 소리가 나고 숨이 가쁘다면 영하 50도 이하다. 영하 55도 이하에서는 뱉은 침이 공중에서 얼어붙는다."

콜리마의 주요한 특징은 혹한이다. 극저온의 추위는 유기체를 죽이기도 하지만 그와 동시에 유기체의 부패를 막아주기도 한다. 실제로 시베리아 영구 동토층은 특정 깊이의 땅속이 수만 년 동안 영하의 동결 상태로 있는 토양층이다. 사체는 연중 내내 영하의 조건에서 잘 보존된다. 따라서 그 사체의 세포조직에서 생명체의 부활로 이어질 가능성이 높은 과거 동식물의 잔존물을 찾고자 하는 희망이 헛된 것만은 아니었다.

영구 동토층은 북반구(지표면의 15퍼센트)의 약 2280만 제곱킬로미터에 달한다. 콜리마와 같은 일부 지역에서는 수백 미터 깊이까지 이르기도 한다. 그런 까닭에, 최근 몇 년 사이 점점 더 많은 연구자가 멸종 동물군의 잘 보존된 표본을 찾기를 바라며 이 지역 탐사에 열을 올리는 것도 놀랄 일은 아니다. 그들의 노력은 오래지 않아 결실을 맺었다.

2010년 동부 시베리아의 영구 동토층에서 유카Yuka라는 이름의 매머드 새끼가 모습을 드러냈다. 유카는 많은 사람이 복제를 통해 이 종을 생명체로 되돌릴 가능성에 희망을 품을 만큼 보존 상태가 아주 좋았다. 또한 2015년 시베리아 아비스키Abyisky 지구에서 1만 2천 년 동안 다년생 얼음층에서 냉동 상태로 완벽하게 보존된 2개의 표본이 발견되었는데, 현대 사자의 멸종된 아종인 동굴사자 *Panthera leo spelaea*의 갓난아기로 이들은 우얀Uyan과 디나Dina라는 새 이름을 얻었다. 이것은 우얀디나Uyandina강 유역에서 발견되어 따온 이름이다. 또 같은 해인 2015년에 시베리아 사냥꾼이 아기 털코뿔소*Coelodonta antiquitatis*를 발견했다. 우연히 이 코뿔소의 사체가 발에 걸려 발견하게 된 것인데, 그 또한 보존 상태가 양호했다. 요컨대 영구 동토층은 많은 멸종동물 종을 캐낼 수 있는 아주 귀중한 정보의 광산으로 밝혀졌다.

그렇다면 식물은 어떤가? 동물 복제보다 수십 배나 더 높은 수준으로 멸종된 식물종에 생명을 되찾게 해줄 만한 가능성이 있음에도 영구 동토층에 보존된 씨앗이나 식물을 찾는 데 관심을 쏟는 연구진은 거의 없다. 지구상의 생명체들이 의존하는 이 살아 있는 유기체에 대한 관심이 낮은 탓이다. 대중은 오로지 동물에만 관심이 있다. 그 관심은 명성과 자금으로 이어진다. 연구에는 자금이 필요하다. 고로 연구진은 동물에 전념한다. 이는 세계에서 식물을 다양한 방식으로 다루는 연구진이 극소수인 이유를 설명하는 간단한 삼단 논법이다. 그럼에도 식물학자들이 과학사에 길이 남을 만한 중요한 발견을 얼마나 많이 해왔는지 아는가! 이야기가 잠시 샛길로 빠졌는데, 다시 본론으로 돌아가자.

2010년 모스크바 근처 푸시치노Pushchino에 있는 러시아 과학아카데미의 연구팀은 콜리마강 유역을 따라 영구 동토층 발굴 작업을 시작했고, 수천 년 전 얼음 속에 갇힌 동식물을 찾아 나섰다. 그들은 플라이스토세 후기의 지하 20~40미터 부근 지층대를 조사하던 중 다람쥐가 판 땅굴 수십여 개를 발굴했다. 조사 기간 영구 동토층 지하 깊숙이 내려앉아 있는 다람쥐 땅굴들을 발견한 것은 좋은 징조였다. 땅굴은 조사해볼 만한 가치가 있는 흥미로운 장소다. 운이 좋으면 동물들이 갇혀 있을 수 있다. 그렇지 않으면 다람쥐가 저장해놓은 먹이·배설물·마른 풀이라도 말이다. 그것들은 항상 귀중한 정보가 된다. 이런 땅굴은 3만 9천 년 전의 씨앗과 열매들이 가득한 저장고이기 때문이다.

사실 이런 발견은 새롭지 않다. 영구 동토층에서 다람쥐 땅굴이 심심찮게 발견되었고 그곳에는 다람쥐들이 물어다놓은 수십만 종의 씨앗이 들어 있었다. 그러나 이번 땅굴은 달라 보였다. 그 안에 있던 씨앗은 얼핏 보기에도 완벽한 것 같았다. 발굴에 참여한 연구진 가운데 흥미로운 발상을 한 이가 있었다. '우리가 이 씨앗들을 발아시켜보면 어떨까?' 연구진이 3만 9천 년 된 씨앗을 발아시킨다면 땅속에 저장된 상태에서 발견돼 싹을 틔운 식물 중 가장 오래된 사례로 기록될 것이었다. 이 씨앗은 그때까지 최고기록을 세운 2천 년 전의 므두셀라 씨앗보다 훨씬 더 오래된 것이기 때문이다. 앞에서 말했듯이 므두셀라 씨앗은 이스라엘 연구진이 마사다 지역에서 채취해 발아시킨 씨앗이다. 씨앗 발아라는 발상이 상당히 매력적이어서 한번 시도해보기로 결정한다. 연구진은 수차례에 걸쳐 발아를 시도했지만 번번이 실패했다. 그러나 현미경으로 다수의 씨앗을 관찰해보니, 씨앗의 일부 조직이나 세포군이 활성화되어 있었다. 그때까지 땅굴에서 나온 씨앗이 발아된 적이 없긴 하지만, 많은 씨앗이 성장의 시작을 보여주고 있었다.

실제로 소리쟁이속*Rumex*[마디풀과의 여러해살이풀]의 씨앗은 발아하여 떡잎 단계까지 정상적으로 자라다가 성장을 멈추더니 퇴화했다.[6] 석죽과*Caryophyllaceae*에 속하는 다년생 초본식물인 실레네 스테노필라*Silene stenophylla*[끈끈이장구채속의 종]는 연구진의 연구에 다소 잘 반응하는 편이었다. 그래서 예감이 좋은 이 종에 첨단 기법을 동원하여 재생을 시도해보기로 결정한다. 씨앗에서 옛 식물을 되살리려는 노력 대신, 동물로 치면 태반조직과 같은 열매의 조직을 채취해 배양액에서 키웠다. 이 열매 조직의 세포들은 식물의 모든 부위로 자랄 수 있는 능력을 갖고 있었다. 열매의 태반조직에서 식물을 재생시키는 방법으로 3만 9천 년 전의 씨앗을 발아시키는 것은 그리 흔한 일이 아니었다.

그 결과는 놀라웠다. 연구진은 배양액 속에서 조직이 싹을 틔우자 이를 일반 토양에 옮겨 심었고 어린 실레네 스테노필라는 잘 자라 꽃을 피우고 번식력 있는 열매까지 맺는 데 성공했다. 즉 영구 동토층에서 발견된 매머드나 털코뿔소와 동굴사자의 사체로 할 수 있다고 꿈꾸던 일을 그들과 동일한 시대에 살았던 식물들로 이뤄낸 것이다.

3만 9천 년 전의 평범한 동물들이 재생되었다면 전 세계의 모든 미디어가 몇 주 동안 그것에 주목하여 이슈화했을 것이다. 그러나 작고 보잘것없는 실레네 스테노필라가 생명력을 되찾았을 때는 단지 몇 명의 연구진에게만 관심을 받았을 뿐이다. 그럼에도 이 연구는 놀랍고 무한한 가능성의 장을 열어주었다. 씨앗으로 가득한 다람쥐 땅굴은 시베리아 동부뿐만 아니라 알래스카·유콘Yukon·베링 육교* 전역의 플라이스토세 후기 빙하에서도 확인되었다. 영구 동토층은 재생되기를 기다리는 식물종의 동결된 씨앗과 열매들로 가득한 곳이다. 멸종된 많은 종이 그들의 귀중한 유전적 유산을 간직한 채 영구 동토층에 존재하고 있을 수 있다. 그들을 삶으로 되돌리는 것은 우리의 몫이다.

* 플라이스토세 빙하기 동안 알래스카와 시베리아 두 육지를 연결하는 최대 1600킬로미터 폭의 좁은 육교를 말한다. 지금은 해수면의 상승으로 베링 해협이 되어 있다.

세상에서
가장 외로운
나무들의 생존법
5장

목 소나무목 | **과** 소나무과 | **속** 가문비나무속 | **종** 피케아 시첸시스 | **학명** *Picea sitchensis* | **원산지** 북아메리카 서부해안 | **유럽에서의 첫 출현** 19세기

어떤 나무는 지구상에서 가장 열악하고 접근하기 어려운 땅까지 진출을 시도한다. 그러다 때때로 변덕스러운 기후변화나 인류의 활동으로 인해 완전히 고립될 정도의 먼 곳이나 살기에 적합하지 않은 장소에 엉겁결에 정착하기도 한다. 그들은 동종 대표주자들로부터 고립되어 누가 봐도 생존 불가능한 상황에서 살아남아야 했다. 이러한 개별 챔피언의 이해하기 힘든 정복 기술은 특별한 경우로 다뤄져 그들의 이례적인 생존을 밝히기 위한 연구가 진행되었다.

외로운 나무를 문학적으로 토포스topos의 대표주자라고 표현한다. 여기서 토포스는 모든 것을 걸고서라도 불운의 화살에 맞서 저항하는 불굴의 인간을 상징한다. 그러나 그런 표현이 무색하게 그

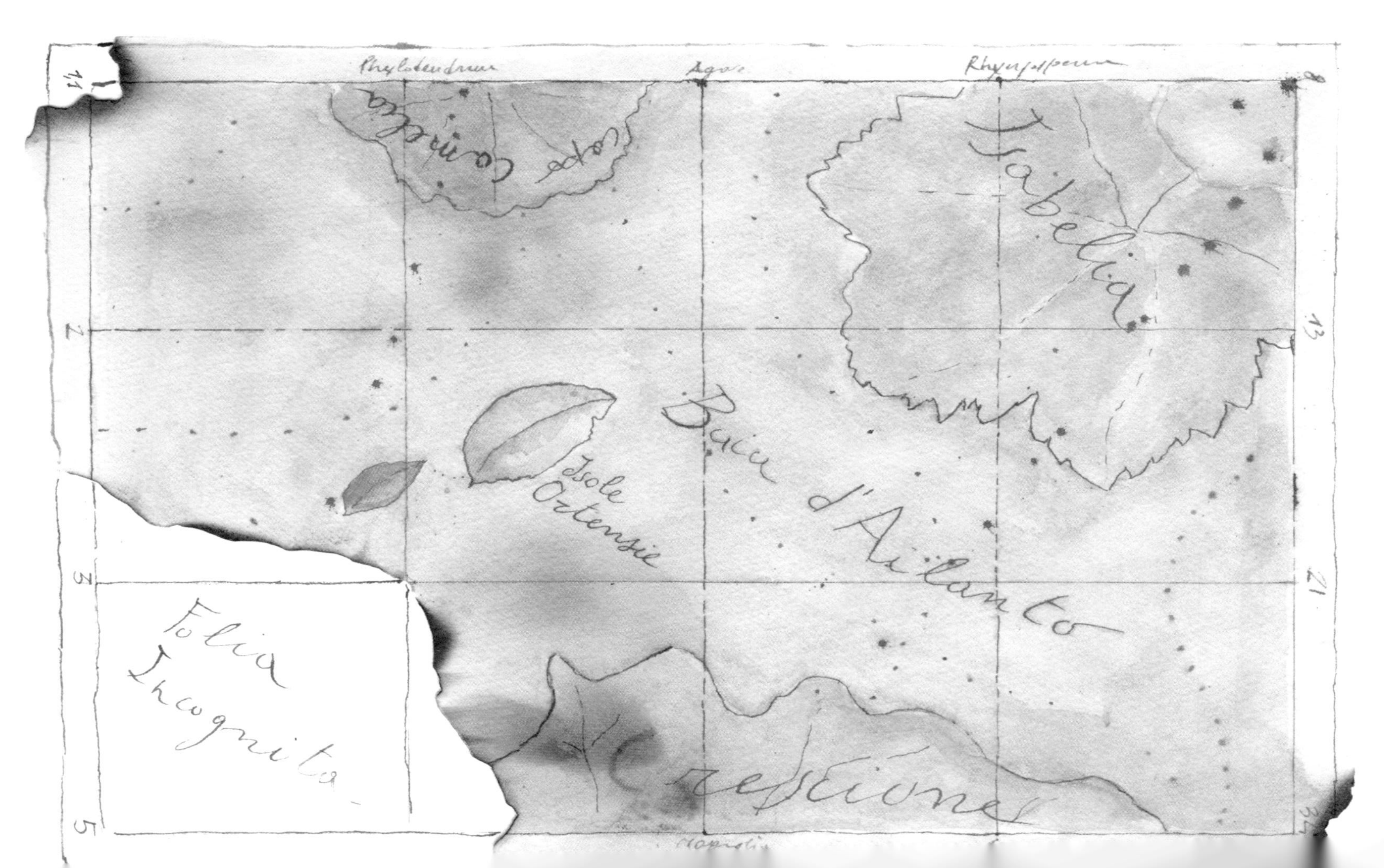
Capo Camelia
Isabelia
Baia d'Ailanto
Isole Ortensie
Folia Incognita

나무의 생존은 예상과는 완전히 빗나간 결과를 보인다. 상식적으로 생각하면 그러한 악조건에서 외로운 나무는 존재할 수 없다. 외로운 나무가 존재하는 것은 모순이다. 어떻게 보면, 각각의 독립된 외로운 생명체가 존재하는 것 자체가 모순인 셈이다. 생명을 유지하려면 다른 생명체뿐만 아니라 동종의 개별 개체들과 함께 공동체를 이뤄야 한다. 다른 생명체와 함께 살지 못한다는 것도 문제지만, 그보다 비극적인 운명은 멸종 위기에 처한 소수 개체, 심지어는 한 개체로 줄어드는 것이다.

외로운 나무는 어쩌면 다른 생명체와 타협하며 살지 못하는 본성을 드러내는 까닭에 시대를 불문하고 미술, 특히 회화작품에서 매력을 발산했을 것이다. 카스파 다비드 프리드리히Caspar David Friedrich의 〈외로운 나무Der einsame Baum〉가 바로 이를 잘 보여주는 대표적인 작품이다.

나는 이 유명한 작품에 왜 이런 제목이 붙었는지 이해할 수 없다. 1822년에 발표된 이 작품은 현재 베를린 구 국립미술관에 소장되어 있다. 전경에 보이는 이 나무는 아마 떡갈나무일 것이다. 전혀 고립되어 보이지도 외로워 보이지도 않는다. 이 그림 속에서 외로운 대상을 애써 찾아보자면, 외로이 나무에 기대어 서 있는 목자밖에 없다. 프리드리히는 주인공 떡갈나무에서 수십 미터 떨어진 곳에 있는 다른 종의 많은 나무를 묘사하고, 멀리 아름다운 숲도 보여준다. 물론 전경의 나무는 솔직히 상태가 그리 좋은 편은 아니다. 큰 피해를 입어 가지가 부러져나가고 몸통이 굽은 이 나무는 나중에 몸통에서 가지가 다시 뻗어나온 듯한데, 일부 가지는 시들어 보이기도 한다. 요컨대 두려움에 맞서 꿋꿋하게 역경을 이겨낸 떡갈나무다. 그러나 적어도 혼자는 아니다. 프리드리히는 그림에 떡갈나무의 외로움은 담지 않았다. 그럼에도 그는 실재하는 외로운 나무들이 보헤미아와 슬레시아 지방의 경계에 있는 리젠Riesen산맥(그림에 그려진 산)의 매력적인 풍경에서 보이는 떡갈나무보다 훨씬 더 쓸쓸하고 희귀한 존재라는 것을 인지하고 있었던 것으로 보인다.

외로운 나무들은 실제로 존재하긴 하지만 그렇게 많지 않다. 그래서 어쩌다 한 그루라도 발견되면, 그 나무가 어떻게 성장했는지에 대해 관심이 쏠린다. 이는 여간 흥미로운 일이 아닐 수 없다. 유사종의 나무들로부터 멀리 떨어져 외롭게 존재하는 각각의 나무는 대부분 흥미진진한 이야깃거리를 제공한다. 극도로 열악한 환경에서 살아가는 외로운 나무는 거의 선망의 대상으로 이들을 재발견하기란 쉽지 않다. 이 나무들은 생명 유지에 부적합한 기후와 자신과 유사한 종들로부터 수백 킬로미터 떨어지거나 접근하기조차 어려운 곳에서 상상할 수 없는 시간 동안 생존하며 극한의 조건에 적응해가는 무한한 능력을 몸소 보여준다.

이제부터 알려진 몇몇 외로운 나무 가운데 적어도 그들이 사는 장소, 그들을 둘러싼 전설, 그리고 마지막으로 우리의 과학 지식 발전에 기여한 나무 3종에 대해 차례로 이야기해보겠다. 바로 캠벨섬의 외로운 가문비나무, 테네레의 '테네레 나무', 그리고 바레인의 생명나무다.

01
인류세의 시작점을 알려준 캠벨섬의 가문비나무

캠벨Campbell섬(마오리어로 모투 이후푸쿠Motu Ihupuku)은 지구상 최남단에 위치한 곳 중 하나다. 판텔레리아섬[지중해의 시칠리아섬과 튀니지 사이에 있는 이탈리아령의 면적 83제곱킬로미터의 섬]의 면적보다 조금 더 넓은 뉴질랜드 남극 연안의 섬으로 뉴질랜드 남부에서 약 600킬로미터 떨어진 곳에 위치한다. 뉴질랜드 남극 연안의 섬은 뉴질랜드 남동쪽 남빙양南氷洋에 있는 자연보호구역으로 5개의 제도로 이루어져 있다.

캠벨섬은 1810년에 쌍돛대 범선 퍼시버런스Perseverance의 선장 프레드릭 하셀버러Frederick Hasselborough가 발견하기 전까지 세상에 알려지지 않았다. 일반적인 선박 항로와 동떨어진 외딴 곳이었던 까닭이다. 그 섬은 호주인 선주 로버트 캠벨Robert Campbell의 재정지원을 받아 뉴질랜드 남극 지역을 탐험하던 중에 발견되었다. 이 섬의 이름은 그의 이름에서 따온 것이다. 캠벨섬을 발견한 선장에게는 행운이 따르지 않았다. 그는 캠벨섬을 발견하고 몇 달 후인 1810년 11월 4일에 익사하고 만다.

그 당시 캠벨섬은 오늘날과 마찬가지로 완전한 무인도였다. 위도상으로도 절대 온화한 기후가 아니다. 태양이 거의 비치지 않는다. 연평균 650시간(참고로 로마와 뉴욕의 일조 시간은 연평균 2천 시간이다), 연중 7개월 이상 하루 일조 시간이 1시간 미만인 곳이다. 평균기온은 섭씨 7도로 비가 아주 많이 내리며, 연간 100일 이상 시속 100킬로미터가 넘는 돌풍이 분다. 이 섬이 발견된 이래 물개 사냥꾼들(물개 공동체 파괴 작업이 빠르게 진행되어 1815년 이래 더는 물개를 찾을 수 없게 되었다)과 최근 남극 지역의 기후학과 기상학 연구에 참여한 과학자들의 임시 체류를 제외하고는, 250년 동안 인간 공동체가 정착한 적이 없었던 것도 다 그러한 끔찍한 기후 때문이었다.

캠벨섬은 동식물이 행복하게 살 수 있는 곳이 아니다. 그러한 기후에서 나무 역시 생존이 불가능할 거라고 예상하는 것은 당연하다. 캠벨섬의 식생은 툰드라[일년 내내 녹지 않는 영구 동토가 있는 한랭한 지역]의 대표적인 특징을 보인다. 이끼와 지의류[단일 생물이 아니라 곰팡이와 조류가 서로 도움을 주며 살아가는 공생 생물로서 지구상 어디에든 살 수 있는 강인한 생명력을 지니고 있음], 초본식물이 서식하며 관목이 적고 키 큰 나무가 없다. 하지만 그곳에는 사소하지만 중요한 예외가 존재한다. 섬 식물군의 위엄 있고 외로운 통치자 시트카 스프루스sitka spruce(*Picea sitchensis*)가 바로 그것이다. 이 나무는 세계에서 가장 큰 가문비나무속 종으로, 기네스북에 '세상에서 가장 외로운 나무'로 공식 등재되어 동종 수목들과는 거리가 멀다.

그건 그렇다 치고 시트카 스프루스의 첫 개체는 가장 가까운 서식지 오클랜드 제도에서 200킬로미터 이상 떨어진 캠벨섬에 어떻게 당도했을까? 1897년부터 1904년까지 뉴질랜드 총독을 지낸 영국 랜펄리Ranfurly 5대 백작, 억터 존 마크 녹스Uchter John Mark Knox라는 괴짜 영국 신사의 소행인 것 같다는 의심이 든다. 랜펄리 경은 캠벨섬을 맞춤형 목재 생산지로 탈바꿈하려는 데 집착했다. 총독 임무를 잘 수행하려는 공명심이 아주 컸던 그는 20세기 초에 영국 영토 탐사를 시작한다. 영국령의 모든 섬을 탐사했으며 거기에는 캠벨섬도 포함되었다. 총독은 캠벨섬을 처음 보고 별 감흥을 느끼지 못했다. 그의 첫인상은 비생산적이고 쓸모없는 섬이었다.

랜펄리 총독은 제국의 장엄한 운명에 기여하지 못할 것으로 보이는 그 영토를 쓸 만한 장소로 바꾸고 싶은 충동을 느꼈던 모양이다. 그는 즉흥적으로 그 섬을 목재 생산지로 만들기로 결정한다. 그리고 선박 제조용 목재 공급을 위해 그 작은 섬에 나무를 심어 울창한 숲을 조성하라는 명령을 내렸다. 과연 미미한 존재였던 캠벨섬도 제국이 바다에 대한 지배력을 유지하는 데 자신이 기여하게 된다는 사실을 영광으로 받아들였을까? 총독은 그 섬에서 키 큰 나무가 자연적으로 자라지 않는다는 세부적인 사항 따윈 안중에도 없었다. 그런 문제라면 영국 기술자들이 능력을 발휘해 해결하면 될 일이었다. 캠벨섬은 남쪽에 있는 숲이 되어야만 했다. 총독의 말이 법이므로 꼭 그렇게 되어야만 했다.

통치자들이란 원래 변덕스러운 면이 있듯이, 총독의 섬에 대한 열정도 금세 식었다. 총독은 야단스러운 공표만 했을 뿐, 정작 그 섬을 자신이 상상한 숲으로 조성하기 위한 실질적인 조치를 취하지 않았다. 다만 영국에서 자라고 있는 수백 그루의 나무를 가져다가 심었을 뿐이다. 총독이 거드름을 피우며 막대기로 나무 심기에 적당한 장소를 가리키면서 그곳에 심을 만한 수종을 제안하는 동안, 배의 갑판에서 열심히 고개를 끄덕였을 불쌍한 임업노동자들의 모습이 상상된다. "저기, 동쪽으로 기울어져 있는 언덕은 가문비나무 심기에 이상적인 장소로 보이는군. 저기 서쪽에 경사가 완만한 지

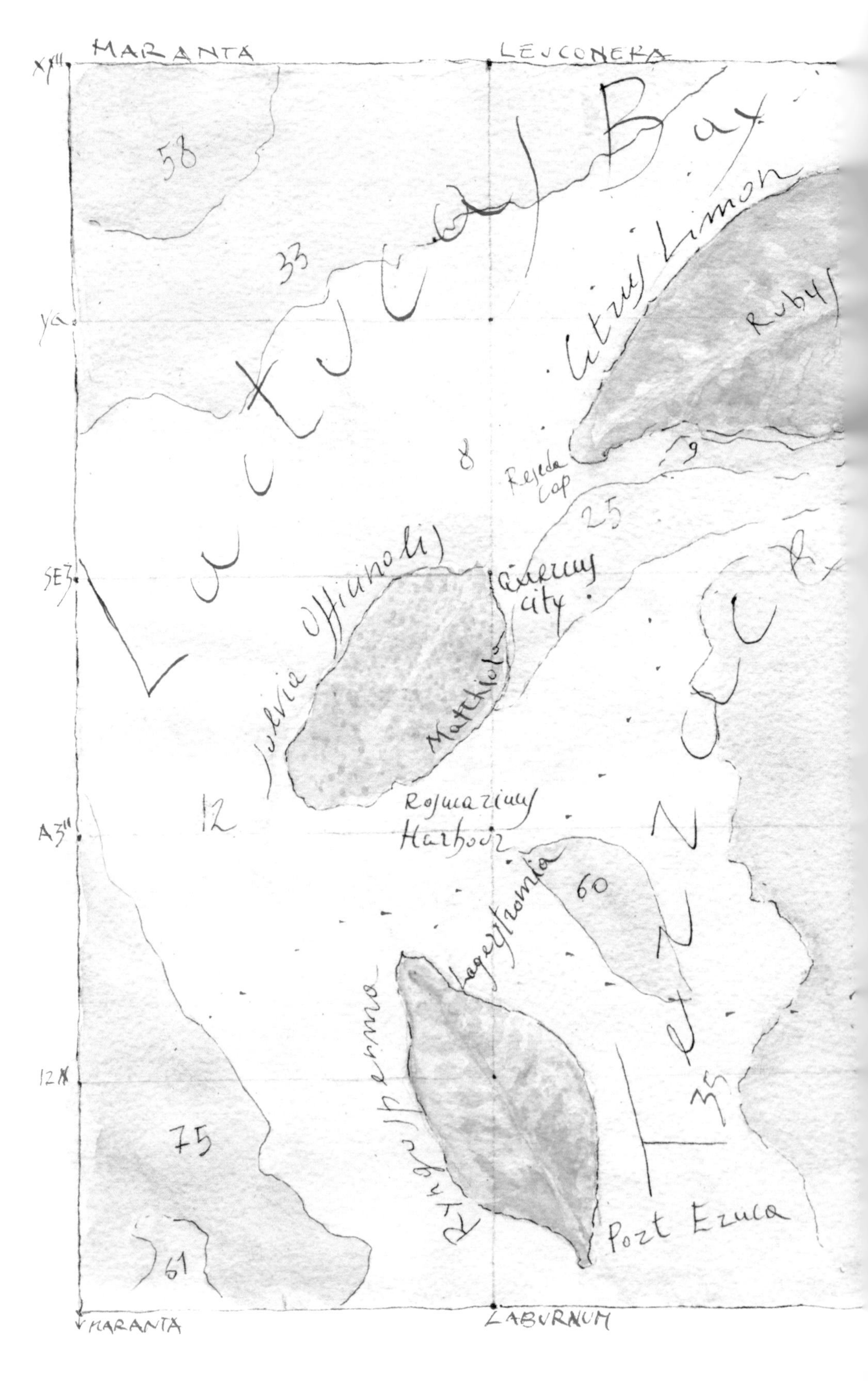

MARANTA
LEUCONERA
Xanthium Bay
Citrus Limon
Rubus
Reseda Cap
Salvia Officinalis
Cucurbita City
Matthiola
Rosmarinus Harbour
Lagerstroemia
Rhynchospermum
Port Eruca
LABURNUM
MARANTA
58
33
8
9
25
12
60
75
61

ANTACEAE

MAHONIA

AMYGDALUS

APOCYNACEAE

SUAVEOLENS

MANDEVILLA

LAVATERA

Rumex beach

Cap Lagunaria

10

16

35

67

Lantana

Aquifolium

Indica Harbour

12

51

157

215

325

507

Ligustro Trench

Robinia

역은 시트카 스프루스를 심으면 좋겠구나."

그러나 자연의 선택은 총독의 선택과는 달랐다. 대영제국의 규모답게 수백 그루의 나무를 심었으나, 몇 년 후 이 섬에는 아무것도 남아 있지 않았다. 남극 대륙에서 불어오는 얼음처럼 차가운 광풍에 휩쓸려 전부 얼어 죽은 것이다. 앞에서 말한 불굴의 시트카 스프루스 한 그루만 빼고 말이다.

자리 잡은 곳이 운 좋게 악천후를 피할 수 있는 장소였을까, 아니면 다른 나무들보다 튼튼하고 적응력이 뛰어나서였을까? 아무튼 시트카 스프루스는 바람과 추위, 일조량 부족 등의 악조건에다 캠벨섬에서 휴가를 보낸 기후학자가 크리스마스트리를 만들겠다며 가지를 잘라냈어도 쓰러지지 않고 환경과 인간에게 받은 학대를 꿋꿋하게 이겨내며 무사히 성장했다. 출생연도가 1902년으로 추정되는 그때부터 지금까지 시트카 스프루스는 세계에서 가장 고립된 장소 중 한 곳에서 계속 성장하고 있다. 한 가지 덧붙이자면, 이러한 외로운 성장 덕분에 실제로 캠벨섬의 외로운 나무는 유일하게 과학적 연구에 크게 기여했다. 생각해보라. 이 단일 식물에 대한 연구 결과 덕분에, 1965년 새로운 지질시대 개념인 인류세anthropocene가 탄생한다. 그럼 이제부터 인류세에 대해 자세히 알아보자.

지질연대표는 지구 표면에서 지각이 형성된 이후부터 현세까지의 지질시대 경계를 나누기 위해 국제 과학계에서 사용하는 시스템이다. 대부분 쥐라기니 백악기니 하는 단어를 들어봤을 것이다. 쥐라기 또는 백악기는 과학 분야 외에도 흔히 언급된다. 그에 반해 오르도비스기[고생대 여섯 기 중에서 두 번째에 해당하는 시기] 또는 실루리아기[고생대에서 오르도비스기 다음에 오는 세 번째로 오래된 지질시대] 등은 전문가에게만 잘 알려져 있어 생소하게 들릴 것이다. 어쨌든 지구가 탄생한 이후 오늘날까지, 지구 생애의 매 순간은 정확한 지질연대 단위로 설명된다.

지질연대 단위는 이렇게 구분된다. 누대eon(수십억 년)·대era(수억 년)·기period(수천만 년)·세epoch(수백만 년)·절age(수천 년). 우리는 지금 현생누대phanerozoic eon 신생대cenozoic era 제사기quaternary period의 홀로세holocene epoch에 살고 있다. 이는 일종의 집 주소이며, 특히 중요한 순간들을 기점으로 우리 행성의 생애를 정확하게 정리할 수 있게 해준다. 우리가 결혼 전, 은퇴 후, 고등학교 졸업 등 특정 개인사를 기준으로 우리 생애를 분류하는 것처럼 말이다. 여기서 지질시대를 식별하는 중요한 요소는 다음의 적합한 조건을 정확하게 이해하는 데서 비롯된다. 첫째, 지구상에 엄청난 큰 변화가 일어나서 기·세 등으로 구분 지을 만한 가치가 있는 경우다. 둘째, 행성 전체에서 뚜렷한 물리적 흔적이 남아 있는 경우다.

지질연대의 일부 단계는 대량 멸종과 같은 대규모 사건에 의해 결정된다. 중생대 마지막 시기인 백악기와 신생대 첫 시기인 고제삼기의 경계에서 발생한 사건을 예로 들어보겠다. 1968년 노벨물리학상을 수상한 물리학자 루이스 앨버레즈Luis Alvarez와 그의 아들 월터 앨버레즈Walter Alvarez는 1980년에 소행성의 직접적인 충돌로 인한 공룡 대멸종론을 발표했다.* 월터 앨버레즈가 이탈리아 중부 도시 구비오 근처의 골라 델 보타치오네Gola del Bottaccione에서 백악기 말기의 것으로 추정되는 1센티미터 두께의 얇은 진흙층을 발견했다. 그 진흙층에서는 지표에서 매우 드물게 산출되는 희귀 원소이자 운석에서 흔히 보이는 고농도의 이리듐이 검출되었다. 이후 지구 전역에서 이 진흙층이 발견되었다. 6600만 년 전, 지구를 강타한 소행성은 지층에 지울 수 없는 뚜렷한 흔적을 남겼다. 이는 두 지질시대 경계의 전환을 보여주는 전형적인 사례다.

지질시대를 구분하는 기준은 일단 지구 전체에 일어난 사건이어야 한다. 지구상의 특정 지역에서만 일어난 기록은 인정되지 않는다. 이처럼 지질시대를 정확하게 구분 짓는 것은 간단한 문제가 아니다. 과학계가 지층에 남겨진 흔적에 근거하여 이것이 새 지질시대의 탄생임을 받아들이기 위해서는 특별히 위임된 국제층서위원회International Commission on Stratigraphy에 의해서도 공식적으로 채택되어야 하기 때문이다. 국제층서위원회는 지구의 역사를 이해하는 데 사용하는 지질시대를 정의하는 국제 기관이다. 이제 인류세에 대해 몇 가지만 언급한 뒤 다시 외로운 나무 이야기로 돌아가겠다.

인류세는 희랍어로 '인간'이라는 의미의 단어 안트로포스anthropos에서 유래했다. 인류세라는 말은 미국의 생물학자 유진 스토머Eugene Stoermer가 처음 만들어낸 용어로 노벨화학상을 수상한 네덜란드 화학자 파울 크뤼천Paul Crutzen에 의해 널리 알려졌다.[1] 크뤼천의 정의에 따르면, 현재 지질시대는 토양에서 기후와 생태계에

* Luis W. Alvarez, Walter Alvarez, Frank Asaro, Helen V. Michel, "Extraterrestrial Cause for the Cretaceous-Tertiary Extinction", *Science*, 208, 1980, pp. 1095-1108. 루이스 앨버레즈는 1945년 8월 6일, 히로시마 원자폭탄 폭발의 여파를 관찰하기 위해 폭격기 더 그레이트 아티스트The great artist에 탑승한 과학자 중 한 명이다.

이르기까지 전부 관여함으로써 지구의 환경 체계를 급격하게 변화시킨 인류 활동으로 특정된다.

1873년 이탈리아 지질학의 아버지로 여겨지는 이탈리아의 애국자이자 가톨릭 성직자인 안토니오 스토파니Antonio Stoppani는 지구 시스템에 미치는 인류의 힘과 영향력이 막대하다는 것을 인식하고 우리 시대가 '인류대anthropozoic era'에 들어섰다고 주장했다. 인간이 우리가 살고 있는 환경을 변화시키는 데 적극적으로 기여한다는 스토파니의 생각은 스토머와 크뤼천보다 훨씬 앞선 것이었다.

마지막 빙하기인 뷔름 빙기가 끝난 후 1만 1700년 전부터 지금까지 지구는 공식적으로 홀로세지만, 대부분의 과학자는 인류의 활동이 지구 환경을 돌이킬 수 없을 정도로 파괴했으므로 결국 현재의 지질시대를 인류세라고 불러야 한다고 분명하게 말한다. 인류세의 증거는 도처에 널려 있으나, 우리가 거의 눈치채지 못하고 있다. 미국의 기후학자인 윌 스테펀Will Steffen[2] 교수가 이끄는 연구팀이 1950년 시작하여 2015년에 발표한 24개의 글로벌 지표 수정에 관한 연구를 예로 들어보겠다. 이 지표 중 12개는 에너지 소비·물 소비·경제 성장·인구·운송·통신 같은 인류의 활동과 관련이 있으며, 나머지 12개에 해당하는 생물 다양성·삼림 벌채·탄소 순환 등과 같은 매개 변수들은 지구 환경과 직접적으로 관련이 있다. 제2차 세계대전 이후 오늘날까지 비료의 사용은 8배, 사용된 에너지의 양은 5배, 도시 인구는 7배 증가했다.

이러한 활동은 경제 시스템과 직접적으로 연관된다. 이를 반영하듯 인류세 대신 자본세capitalocene라는 용어를 사용하자는 주장도 있다. 인류의 활동은 인류세가 지구의 여섯 번째 대멸종으로 언급될 정도로 우려되는 종 멸종률[3]의 가속화, 그로 인한 생물 다양성의 감소, 기후변화, 오염률의 기하급수적 증가 등 지구 환경에 심각한 영향을 끼쳤다. 유감스럽게도 인류의 활동이 지구 환경을 악화시킨다는 사실은 분명하다.

지구 시스템에 직접 영향을 끼치는 이러한 인류의 활동은 언제 시작되었을까? 그 시점은 학자들마다 서로 의견이 엇갈리는데, 적어도 네 가지 견해가 있다. 첫째, 1만 년 전 농업이 태동하던 시기로, 농업 활동에 쓸 경작지를 얻기 위해 인간은 삼림 벌채를 해야 했다. 더구나 농업으로 인해 인류 문명이 발전하면서 더는 식량을 구하러 다니는 데 시간을 쓸 필요가 없자 인간은 기술을 발전시키고 생산량을 늘릴 수 있었다. 둘째, 16세기 아메리카 대륙의 발견과 그에 따른 식물·동물·상품·질병[4]이 뒤섞인 대항해시대다. 셋째, 산업혁명과 이산화탄소[5] 배출량 증가로 이어진 18세기 후반이다. 넷째, 제2차 세계대전 후 원자력 시대다.

이상 네 가지 가설에는 모두 합당한 이유가 있다. 그게 무엇이건 간에 인류세의 시작을 공식화하기 위해 풀어야 할 숙제는 범세계적으로 각인시킬 만한 대사건을 찾는 것이었다. 6600만 년 전 백악기의 종말과 고제삼기의 시작을 알리는 명백한 흔적, 이리듐의 함량이 풍부한 층을 발견한 것과 유사한 사건 말이다. 그러나 이렇듯 지질시대를 식별할 만한 물리적·화학적 또는 고생물학적 정보를 포함한 흔적을 지구 전체에서 추적하는 것은 쉬운 일이 아니다.

자, 이제 우리의 주인공 캠벨섬의 외로운 나무 이야기로 돌아가

자. 2018년 2월 중요한 과학적 연구 결과[6]가 발표되면서 시트카 스프루스는 유명한 증거가 됐다. 연구원들은 나무가 매년 생산하는 나이테에 존재하는 방사성동위원소 탄소-14[원자량 14인 방사성동위원소 탄소-14의 붕괴를 이용하여 연대를 측정하는 것을 '방사성 탄소 연대측정'이라고 함]의 양을 분석한 결과, 1950년에서 1960년대 사이 북반구에서 수행된 핵실험에서 비롯된 방사성동위원소의 최고값을 발견했다. 탄소-14 최고값의 연대는 1965년 12월로 측정되었다. 이 최고값이 완전히 오염되지 않은 서식지에서 자란 나무의 목재에서 발견되었다는 것과 탄소-14를 생산한 원천에서 아주 먼 곳에서 발견되었다는 사실은 인간의 개입이 지구 환경에 얼마나 큰 영향을 미쳤는지에 대한 명백한 증거다. 방사성동위원소 탄소-14는 5만 년 이상 보존되어 수만 년 후의 미래의 과학자들도 이를 발견할 수 있다. 간단히 말해서, 도저히 나무가 자랄 만한 땅이 아닌 곳에서 자라는 외로운 나무 덕분에 우리는 인류세의 시작점이라고 볼 수 있는 대사건의 증거를 얻었다. 이를 범세계적으로 각인시킬 만한 증거로 사용할 수 있게 된 셈이다.

02
테네레 아카시아의 불운한 최후

캠벨섬의 시트카 스프루스가 처음부터 세상에서 가장 외로운 나무였던 건 아니다. 1973년 '극한 환경에서 살아남기' 분야의 또 다른 특별한 챔피언인 테네레Ténéré 사막의 아카시아 '테네레 나무'가 그 타이틀을 내려놓기 전까지는 말이다. 이 아카시아는 초목이 거의 자라지 못하는 가장 건조한 장소 중 한 곳인 드넓은 사막 한가운데 홀로 우뚝 솟아 있었다. 그 나무는 300년이 넘는 기간 동안 낙타를 이용해 말리에서 지중해까지 암염을 운반하던 투아레그족[사하라 사막에서 나이지리아, 수단 등 서아프리카의 건조 지대에 살고 있는 베르베르족의 한 종족] 대상隊商들의 이동 경로인 아잘라이Azalai 길을 비춰주는 등대 역할을 했다. 이 식물의 예외적인 특성은 다른 나무(이 경우는 나무뿐 아니라 다른 식물도 포함해서)와 멀리 떨어져 있고 지구상에서 가장 열악한 장소에서 생존할 수 있는 능력을 가졌다는 것이다.

니제르 북부의 테네레의 기후는 지구상에서 가장 극단적이다. 그보다 더 힘든 기후 조건을 찾으려면 태양계의 또 다른 행성으로 이동해야 한다. 실제로 테네레는 투아레그족 언어로 '사막'을 뜻한다. 과연 그 이름만 들어도 어떤 곳인지 연상된다. 게다가 테네레가 사하라의 중남부에 위치한 지역임을 감안하면, 아랍어로 '불모지'를 뜻하는 '사흐라'에서 유래된 사하라 사막의 이름에서 황량함을 느낄 수 있을 것이다.

테네레는 사하라 사막에 속하는 사막 안의 사막이다. 최대 온도가 섭씨 50도를 자주 넘고 연간 10~15밀리미터의 가장 적은 강우량을 기록하는 초건조 지역으로 펄펄 끓는 악몽의 땅이다. 이는 몇 년 동안 비 한 방울 오지 않을 수도 있다는 것을 의미한다. 물은 찾기도 매우 힘들지만, 찾는다 하더라도 충분하지 않다. 더구나 몇 안 되는 지하수는 서로 수백 킬로미터나 떨어져 있다. 캠벨섬과 달리, 이곳은 지구상에서 연간 일조 시간이 가장 길어 4천 시간이 넘는다. 나사NASA의 분석에 따르면, 테네레 남동쪽의 아가뎀Agadem에 있는 폐허가 된 작은 요새가 지구상에서 가장 햇볕이 잘 드는 곳으로 꼽힌다. 이러한 조건에서는 어떠한 식물도 생존할 수 없다. 테네레는 고전 영화 〈아라비아의 로렌스Lawrence Of Arabia〉(1962년)의 배경이 된 사막이다. 수백 킬로미터의 모래 언덕 말고는 아무것도 없다. 궁금하면 위성사진을 한번 보라. 그렇게 환영받지 못하는 환경에서 나무가 자란다는 것 자체가 엄청난 미스터리다. 정확하게 말하면, 아카시아 토르틸리스*Acacia tortilis*[콩과 식물]의 개체인 테네레의 아카시아는 축척 400만 분의 1의 지도상에 유일하게 표시된 나무로 한때 지구상에서 가장 고립된 나무로 간주되었다.

아카시아는 물이 완전히 마르지 않는 한, 뿌리로 수분을 빨아들여 어떠한 형태로든 생명을 지탱할 수 있다. 그중 테네레 나무는 사막이 오늘날보다 덜 건조했던 6천 년 전, 즉 그리 오래지 않은 시기부터 생존한 여러 그루의 아카시아 중에서 마지막으로 살아남은 개체로 추정된다. 유럽인의 테네레 탐험은 아주 최근의 일로 역사가 길지 않은 편이다. 미개척지에 최초로 당도한 유럽인들은 1850년 리처드슨J. Richardson[1850년 3월, 하인리히 바스Heinrich Barth·아돌프 오버웨그Adolf Overweg와 동행하여 리비아 남서부에 위치한 도시인 가트Ghat를 탐험한 탐험가 제임스 리처드슨으로 추정됨]이 이끄는 영국 원정대였다. 1876년 독일의 에어빈 폰 바리Erwin von Bary는 리처드슨과 거의 같은 여정을 따랐으며, 그 후 1906년 프랑스가 빌마Bilma[아프리카 서부 니제르 북동부에 위치한 오아시스 도시]시의 소유권을 주장하여 점령하기 전까지는 아무도 발을 들여놓은 적이 없었다. 이듬해 2500명의 메하리스트méhariste*, 즉 낙타로 이동하는 육군부대는 테네레 나무에 이르러 나무줄기에 통행날짜(1907년 10월 13일)를 새겨 넣은 뒤 아잘라이의 전통적인 대상로를 따라 행군하여 테네레 사막을 완전히 횡단했다.

초기 탐험 보고서에 따르면, 이 나무는 1930년대에 유럽의 군사지도 상에서 중요한 랜드마크로서 자주 언급되었다. 이 나무는 끝없이 펼쳐진 사막의 황량한 모래벌판에서 길을 알려주는 사막의 등대와도 같은 역할을 했다. 1924년 보고서에는 테네레 나무가 거의 완전히 모래 속에 파묻혀 있었다고 한다. 또 다른 기록에 따르면, 이 나무가 아주 오랜 시간 모래에 푹 파묻혀 있을 수밖에 없게 된 이유로 모래언덕의 지속적인 움직임을 거론한다.

우리는 테네레 나무에 관한 최초의 서면 보고서 중 하나를 작성한 사하라 담당 중앙기관Service central des affaires sahariennes의 미셸 레소르Michel Lesourd 사령관에게 고마워해야 한다.

> 아가데즈Agadez를 떠나 빌마로 향하던 호송차량이 1939년 5월 21일 14시 30분에 테네레 나무 앞에 섰다. 나무의 존재를 믿기 위해서는 눈으로 직접 보아야만 한다. 그 나무가 존재할 수 있었던 비결은 무엇일까? 그동안 수많은 낙타가 이 나무 옆을 지나갔을 텐데 어떻게 밟히지 않고 아직까지 살아 있을 수 있을까? 아잘라이를 지나는 낙타들은 왜 길목에 있는

* 아랍어로 경주용 단봉낙타를 뜻하는 마흐리mahri에서 비롯되었다.

이 나무의 잎사귀와 가시를 뜯어먹지 않고 두었을까? 암염을 운반하는 투아레그 대상들은 왜 추운 몸을 녹이고 차를 끓이기 위해 모닥불을 피울 때 이 나뭇가지를 잘라 사용하지 않았을까? 꼬리에 꼬리를 무는 이러한 의문들에 대한 유일한 답은 대상들이 이 나무에 손을 대는 행위를 금기시했다는 것이다. 그들은 이 나무를 신성시했다. 이것은 일종의 미신이기도 했지만, 매년 소금 대상들은 테네레 사막을 건널 때마다 이 나무 주위에 모였다! 그 아카시아는 살아 있는 등대가 되었다. 이 나무는 아가데즈-빌마 루트인 아잘라이의 출발점이자 도착점인 것이다.

레소르의 보고서에서 마침내 전설을 지닌 이 아카시아가 생존할 수 있었던 특별함에 대한 정보를 얻었다. 프랑스군이 우물을 찾아 나무 근처의 땅을 파던 중에 30미터 깊이에서 단단한 화강암층을 만나 작업이 중단되었다. 그에 반해 이 아카시아의 뿌리는 그 화강암층을 깊이 파고들어가 있었다. (작업 재개) 후에, 테네레 나무의 뿌리는 지하 45미터 이상의 깊이에서 발견되었다. 1959년 나무의 건강 상태는 그리 좋지 않았다. 지리학적 미션을 수행한 프랑스 탐험가이자 민족학자인 앙리 로트Henri Lhote는 이 나무를 다음과 같이 묘사한다.

내가 예전에 이 나무를 보았을 때, 초록빛을 띠고 노란 꽃을 피우고 있었다. 오늘, 다시 이 나무를 찾아와보니 이제는 잎이 하나도 달려 있지 않은 헐벗은 가시나무에 불과했다. 하마터면 이 나무를 알아보지 못할 뻔했다. 예전에는 줄기가 두 갈래로 뚜렷하게 갈라져 있었는데 지금은 하

No way Horizon

Cap Scilla

Extreme Cap

The Unknown Country

Finis Terrae

Ice Sea

Nowhere Island

Desolate Land

ains

Extremely Windy Mountains

Waste Land

Nothing

nely tree promontory

No Harbour

No Leaves Gulf

나만 남아 있었기 때문이다. 이 불운한 나무에 무슨 일이 있었던 것일까? 간단히 말하자면, 빌마로 가던 트럭이 그 나무를 들이받은 것이다! 마치 방향을 틀 공간이 충분치 않은 것처럼 말이다. 그렇게 유목민이 감히 만질 수조차 없었던 이 금기의 나무는 기계의 희생양이 되었다.

1959년 그 나무가 트럭에 부딪쳤다는 사실은 믿을 수 없는 결말을 암시하는 슬픈 전조였다. 생각해보라. 테네레와 같은 아무것도 없는 드넓은 사막 한가운데서 트럭에 들이받힐 확률이 얼마나 될까? 거의 없다. 확률상으로 보면, 이 나무는 이 사막 한가운데에 서서 수십억 년 동안 살아남을 수 있고 트럭에 받힐 일도 절대 없다. 가로수가 늘어선 도로를 수십 년 동안 수십만 대의 자동차가 지나다니고 있지만, 자동차에 부딪힌 나무가 몇 그루나 될까? 지극히 적다. 수백 킬로미터에 달하는 사막에 존재하는 유일한 나무가 15년 안에 트럭에 두 번 받힐 확률이 얼마나 되는지 계산해보라. 내가 확률 계산의 귀재는 아니지만, 10년 연속 복권 1등에 당첨될 확률이 더 높다고 확신한다. 그러나 이런 말도 안 되는 확률을 뚫은 이 사고가 바로 테네레의 아카시아에 일어난 것이다.

1973년 11월 8일, 술에 취한 리비아인 운전자는 망망대해 같은 사막 한가운데 있는 나무의 몸통을 트럭으로 들이받아 부러뜨리며 끝장을 내버렸다. 그는 바질리언bazillion|10억billion 이상의 엄청난 수 zillion|의 확률을 뚫은 것이다. 테네레 나무는 이제 세상에서 가장 외로운 나무가 아니라 가장 불운한 나무가 되었다. 이것에 이의를 제기할 사람은 아무도 없을 것이다.

03
극한 기후의 챔피언, 바레인의 생명나무

바레인의 생명나무(샤자라트 알-하야트Shajarat al-Hayat)는 이번 장에서 마지막으로 등장하는 외로운 나무다.

바레인은 페르시아만의 아주 작은 군도로, 카타르반도와 사우디아라비아 사이에 있다. 가장 신비하고 매혹적인 나무 중 하나로 알려진 이 고대 나무는 키가 약 10미터로, 바레인 본섬의 사막 한가운데 모래언덕 위에 완전히 고립된 채 위엄을 자랑하고 서 있다.

수 세기 전부터 세상에 알려진 이 수목은 전설을 많이 지니고 있지만, 과학적 정보는 별로 없다. 창세기에 나오는 생명나무*로 세간에 알려진, 훨씬 더 유명하고 인류에 큰 영향력을 끼친 선악을 알게 하는 나무[좋은 것과 나쁜 것, 옳은 것과 그른 것을 알게 하는 나무로, '선악과 나무' 또는 '지식의 나무'로 알려져 있음]와 혼동하지 말아야 한다. 서로 다른 종에 속하는 것으로 묘사되었기 때문이다. 안타깝게도 이 나무를 다룬 과학 전문 출판물이 전혀 없다. 이 수목에 대해 가르칠 내용은 너무 많은 반면, 이에 대한 지식은 많지 않기 때문에 당혹스러울 때가 많다.

얼마 전까지만 해도 바레인 나무에 관한 몇몇 연구가 스미소니언

* 전해오는 바레인 지역 전설에 의하면, 바레인 군도가 창세기에 나오는 지상 낙원의 현장임을 묘사하고 있다. 수많은 국가가 저마다 자기네 땅이 과거 에덴동산이 있던 곳이라는 주장을 펴고 있다. 하지만 그 국가들에는 존재하지 않는 것이 있었으니 그것은 아직까지 생존하며 전체적으로 훌륭한 상태를 유지하고 있는 생명나무다.

Isabelia Dese
Magnolia Bay
Syringa
Lupinus
Calendula
Dianthus Islands
Leptospermum
Convallaria
Serrulata beach
Apocynacea
Gardenia
Ipomoea Alba

박물관과 공동으로 착수되었고, 그 미스터리한 나무에 관한 힘겨운 연구는 막 끝이 난 상태다. 이 나무의 수령은 약 500년 이상인 것으로 보고되었다. 몇 달 전, 나는 스미소니언박물관이 이 나무에 대해 발표한 확실한 증거 자료를 얻으려고 박물관에 직접 자료를 요청했다. 그러나 내게는 운이 따라주지 않았다. 담당 직원은 박물관에서 수행한 연구 중에서 생명나무에 관해서는 어떠한 인용도 찾을 수 없었다는 친절한 답변을 보내왔다. 따라서 현재는 바레인 정부가 제공한 것을 제외하고는 신뢰할 수 있는 출처가 없는 불확실한 상황이다. 그 나무의 잠재력, 특히 관광산업으로서의 잠재력을 직감한 바레인 정부는 수년 전 신뢰할 수 있는 일련의 연구 분석을 시작했다.

연구 결과는 나무를 둘러싼 전설만큼이나 매력적이다. 먼저 나무의 수령이다. 이 나무는 16세기 중반부터 사막 한가운데서 생존해온 것으로 보이며, 이로 인해 세상에서 가장 외로운 나무들 가운데 단연 최고 연장자 자리를 차지하게 된다. 즉 열악한 환경 조건에서 가장 잘 적응한 생존자다. 두 번째는 수종을 들 수 있다. 오늘날 우리는 바레인의 생명나무가 (다른 종은 생존할 수 없는) 염분이 많고 덥고 건조한 기후의 멕시코 및 남아메리카 출신인 프로소피스 줄리플로라*Prosopis juliflora*[콩과 식물]임을 확실히 알고 있다. 뜨거운 열을 아주 효과적으로 발산하고 수분 증발을 최대한 줄이도록 구성된 작은 잎사귀와 믿기 힘든 깊이*까지 뻗어내리는 곧은 뿌리, 대개 흙 속에서 독립적인 생활을 하는 질소 고정 박테리아의 일부가 뿌리와 공생 관계를 맺으며 질소를 고정시키는 능력, 그리고 마지막으로 염분도가 높은 물에서 버틸 수 있는 고유한 능력 덕분에 이 나무는 식물로서는 그야말로 최악의 조건에서 생존하도록 창조되었다. 그렇게 염분도가 높은 물일지라도, 그것은 뿌리가 사막토의 지하 깊은 곳에서 찾을 수 있는 유일한 물이었다.

이 능력만으로는 생명나무의 생존 비결을 설명하기에 충분하지 않다. 프로소피스와 같은 극한 기후의 챔피언조차도 다른 속임수를 쓰지 않고는 5세기 동안 사막에서 생존할 수 없을지도 모른다. 2010년 그 나무와 아주 가까운 곳에서 우물을 갖춘 마을의 유적들이 발견되었는데, 17세기 중반까지 번성했을 것으로 추정되는 곳이었다. 이에 바레인 정부는 나무 주변 지역에 대한 고고학적인 발굴 작업을 시작했다. 바레인의 생명나무는 물을 흡수하기 좋은 우물 옆에 심어진 것으로 보이며, 이는 마을이 버려진 후에도 수 세기 동안 뿌리를 깊게 내려 수맥을 따라갔음을 의미한다. 이로써 바레인의 생명나무를 생존할 수 있게 해준 물의 출처가 설명되었다.

마지막으로 사소하지만 매혹적인 미스터리가 하나 남았다. 아메리카 대륙 발견 후 불과 수십 년 만에 아메리카 대륙이 원산지인 이 종들이 어떻게 세계 반대편에 있는 바레인의 사막 한가운데에 당도할 수 있었을까? 여기에 대해서는 1521년 바레인의 섬들을 정복한 뒤 1602년 바레인 군도가 페르시아령이 되기 전까지 그곳에 머물렀던 포르투갈인의 이동 경로를 따른 것으로 보는 견해가 가장 유

* 1960년, 미국 애리조나주 투손 인근 지역의 지하 53미터 깊이에서 프로소피스 줄리플로라의 뿌리가 발견되었다. Walter S. Phillips, "Depth of Roots in Soil", *Ecology*, 44, 2, 1963, pp. 424–467 참조.

력하다. 몇몇 포르투갈 식물학자는 포르투갈의 지배 기간 당시 바레인의 환경이 프로소피스 줄리플로라의 원서식지와 아주 유사한 것으로 봤다. 말하자면, 그곳에서의 적응 가능성을 알아본 그 식물학자들의 직감 덕분에 이 식물이 바레인에 도착하게 된 것이다. 그 수목들 중에서 생명나무는 유일하게 살아남은 생존자였다.*

생명나무가 바레인까지 오게 된 사연이 무엇이든 간에, 먼 아메리카 대륙 출신의 이 단일 수목이 이룩한 업적은 실로 놀랍다. 생명나무는 불리한 환경에서도 500년 동안이나 살아남은 적응력은 물론이고 생존과 관련된 난제조차 훌륭하게 해결한 능력 덕분에 생명의 상징이 되었다.

* 1950년대에 프로소피스 줄리플로라와 그와 같은 속의 다른 종들이 바레인으로 다시 수입되었고, 이번에는 광범위한 재조림reforestation(인공림을 벌채하고 그 적지에 인공조림을 실시하는 것을 말함-옮긴이)이 큰 성공을 거두었다.

멸종 동물에게 생존을 맡긴 시대착오자들

6장

목 녹나무목 | **과** 녹나무과 | **속** 페리세아속 | **종** 아보카도 | **학명** *Persea americana* | **원산지** 중앙아메리카 | **유럽에서의 첫 출현** 16세기 중반

많은 씨앗이 부름을 받지만 선택된 씨앗은 얼마 되지 않는다. 성경의 마가복음은 식물 씨앗의 운명을 거의 완벽하게 묘사한다. 매년 엄청난 양의 디아스포라diaspora*가 생산되지만 미미한 비율만이 살아남는다. 리코포디움 클라바튬*Lycopodium clavatum*과 같은 석송*licopodi*(그리스어로 라이코스Lykos는 '늑대', 포도스podos는 '발'이라는 뜻이므로 이것의 합성어 licopodi는 '늑대의 발'이라는 뜻이다)속의 일부 식물은 매년 최소 3천만 개의 포자를 생산한다. 그럼에도 모두 희귀종으로 남

* 고국을 떠나는 사람이나 집단을 의미하는 디아스포라를 식물 본체에서 떨어져 나온 포자 · 씨앗 · 열매 · 열매의 조각 · 번식체propagule 등 번식을 보증할 수 있는 식물의 모든 부분에 비유해서 표현한 말(성경적 단어로 '씨앗을 뿌림', '흩어짐' 또는 '흩어져 사는 자'라는 뜻 – 옮긴이).

아 있다. 알레포 소나무aleppo pine는 연간 3만~7만 개의 씨앗을 생산할 수 있다. 아마도 이 중 200개 미만이 발아할 것이고, 극소수의 씨앗만이 생존할 것이다. 이 엄청난 생산의 최종 결과는 실제로 0에 가깝다. 이렇게 낮은 생존 비율은 씨앗의 생존 가능성을 조금이라도 높일 수 있는 전략을 요구한다.

앞에서 살펴봤듯이, 물과 공기 그리고 동물은 식물이 씨앗을 퍼뜨리기 위해 이용하는 운반체다. 식물이 어떤 운반체를 선호하는가는 형태학에서 생리학, 적응력에서 마지막 생존 가능성에 이르기까지 식물의 많은 특성에 영향을 줄 수 있는 진화론적 선택 사항 중 하나로, 충분한 예측과 고려의 과정이 필요하다. 따라서 운반체를 선택할 때는 그것의 특징을 신중하게 분석해야 한다. 공기나 물처럼 이른바 무생물 운반체들은 지구상 어디에서나 동일하게 존재하고 시간이 흘러도 그 특징은 거의 그대로 유지된다. 프랑스 라팔리스Lapalisse의 영주 자크 드 라 팔리스Jacques de La Palice(Palisse)는, 바람은 세기와 방향이 바뀔 수 있지만 물은 수 세기 동안 바뀌거나 사라지지 않으므로 물이 곧 진리라고 말할지도 모른다[자크 드 라 팔리스는 프랑스의 귀족이자 군 장교였는데, 민중이 그의 묘비명을 오독해 우스운 풍자 노래가 불려졌다. 라팔리사드Lapalissade는 라 팔리스의 풍자노래에서 나온 단어로 '전적으로 명백한 사실'을 의미한다].

요컨대 공기와 물은 시공간에 관계없이 언제나 믿을 수 있는 존재로, 광범위하게 퍼져 있는 운반체다. 바로 그런 이유로 씨앗 분포의 효율성이 그리 높지 않을뿐더러 동물이 제공하는 서비스보다 효율성이 확실히 떨어짐에도, 계속해서 수많은 종이 선호하는 운반

5,0 24,6 31,6

Malvacea

Cattleya

orchidaceae

Dianthus

Dianthus

Buotunss Cap

Poetaceae Sea

Lilium Harbour

Hydrocharis Beach

Ailanthus Desert

Paeonia Channel

The Matthiola

Centaurea

cyanus

Byophyta

Geranium Bay

Wisteria Island

7,5 12,3 15,8 19,1

체가 되었다. 무엇보다 공기와 물은 경제적이다. 동물 서비스를 이용하는 데 필요한 과일 생산이라는 비싼 부대비용이 들지 않는다. 이는 사소하게 생각할 문제가 아니다. 또한 공기와 물은 안전하다. 이것은 자손을 맡길 때 아주 중요한 조건이다. 공기와 물은 지구상의 모든 시공간을 초월해 언제든 자신에게 맡겨진 식물의 씨앗을 운반할 준비가 되어 있다.

공기와 물이 아닌 동물에게 씨앗을 맡기기 시작하면 문제는 달라진다. 안전성은 떨어지지만 씨앗 분포의 효율성은 확실히 더 높다. 안전성은 뛰어나지만 수익성이 낮은 곳에 투자할 것인가, 아니면 수익성은 훨씬 높지만 고위험군 투자처에 투자할 것인가. 운반체를 선택하는 것도 이와 마찬가지다. 선택의 양극단 사이에는 다양한 위험과 그에 따른 보상이 단계별로 존재한다. 무엇을 선택하든 신중함이 필요하다. 어떤 종은 안전을 선택하고 또 어떤 종은 효율을 선택한다. 대부분의 종이 현명하게 분산 투자를 하기로 결정하고, 자신의 씨앗을 2개 이상의 대체 가능한 시스템에 나누어 위탁한다.

씨앗을 운반체에 위탁하는 위험을 감수하고 싶지 않은 일부 식물은 다른 동료 식물들과 차별화되는 용기 있는 결정을 내린다. 이 식물들은 폭발 확산과 같은 혁신적이고 독창적인 도구를 개발하면서, 전반적인 확산 과정을 직접 책임지기로 결정한다. 자력으로 움직이지 못할 것이 분명한 식물계에서는 결코 상상할 수 없는 도구가 태평양에서 발견되었다. 자손의 운명을 폭발에 맡기는 종은 그리 많지 않지만, 이들 몇몇 종은 폭발이라는 단어에서 알 수 있듯 시끄러운 소음을 동반한다.

아마존 열대우림을 포함한 라틴아메리카의 열대 지방에서는 인상적인 나무, 후라 크레피탄스*Hura crepitans*[대극과 식물]가 자란다. 흔히 다이너마이트 나무로 알려진 후라 크레피탄스의 가장 두드러진 특징에 대해서는 말할 필요가 없을 것이다. 폭발계의 미인으로 주목받는 이 종은 폭발음을 내며 자신의 씨앗을 초속 60미터[1] 이상으로 쏘아댐으로써 40미터 거리까지 튕겨나가게 한다. 폭발이 어찌나 격렬한지 씨앗 수집 연구자들이 가림막 뒤로 대피해야 할 정도다.

후라 크레피탄스보다 우리와 더 가까운 북아프리카와 유럽 지역 출신으로는 에크발리움 엘라테리움*Ecballium elaterium*[박과 식물](그리스어로 '외부의'를 뜻하는 엑토ecto와 '쏘다'를 뜻하는 발로ballo를 합친 말)이 있다. 스쿼팅 오이squirting cucumber라 부르는 이 식물은 로켓을 발사하듯 빠른 폭발 과정을 통해 점액과 함께 다량의 씨앗을 최대 2미터 거리까지 공중으로 힘차게 쏘아 올린다. 그래서 이름에도 액체를 찍 내뿜는다는 뜻의 '스쿼팅'이라는 단어가 붙었다. 또는 일반적인 등나무속*Wisteria*의 다양한 수종은 씨앗이 들어 있는 꼬투리가 폭발하듯 터지고 열리면서 씨앗을 분출할 수 있다. 이러한 종들은 우리의 생각보다 훨씬 많으며 곳곳에 널리 퍼져 있다.

한편 일부 식물들은 폭발을 통해 외부로 방출된 씨앗을 땅속까지 안전하게 데려다주며 자신의 씨앗을 퍼뜨린다. 이런 안전장치를 쓰는 식물 중 가장 유명한 것이 바로 땅콩*Arachis hypogaea*이다. 땅콩은 성숙기 동안 자신의 열매를 땅에 파묻어 씨앗이 최상의 발아 조건 아래 있게 해준다.

또한 씨앗 운반체로 동물을 선택하는 식물은 어떤 식으로든 모험을 해야만 한다. 예를 들어, 어떤 종은 특화된 관계를 맺지 않고 지나가는 아무 동물에게나 마구잡이식으로 자신의 씨앗을 맡긴다. 이것은 이른바 히치하이커 씨앗의 실례다. 이러한 씨앗들은 갈고리·가시·끈끈이 등을 이용해 지나가는 동물 몸에 붙어 전 세계로 이동하기 위한 다양한 전략을 세운다. 이 경우에 단 한 가지 필수 조건은 바로 씨앗이 달라붙을 수 있는 털을 지닌 동물이어야 한다는 것이다. 이처럼 마구잡이식으로 동물에 의존하는 많은 씨앗은 운반체가 없어 씨앗을 퍼트리지 못할 위험성에 대해서는 걱정할 필요가 없다. 또 어떤 식물들은 조류에게 씨앗을 맡긴다. 이 경우 역시나 배타적이지 않은 관계를 추구한다. 열매를 주식으로 삼는다면 어떤 종이든 환영한다.

이와 달리, 제한된 수의 동물과 특별한 관계를 맺는 식물도 있다. 이 경우 식물의 거래는 위험해질 수 있다. 이러한 한정된 관계는 특정 씨앗의 확산에 최상의 조건을 보장하는 반면, 고도의 전문성을 요구하기 때문에 때때로 씨앗 확산이 불확실해진다.

씨앗 확산 중 동식물 사이의 공진화*에 관한 특정 사례가 공식적으로 알려진 바 없지만, 수분受粉의 경우에는 여전히 식물종과 소수의 동물 파트너 사이에 매우 밀접한 관련이 있다. 만약 어떤 이유로든 자기 씨앗의 생존을 맡긴 동물이나 동물군이 사라진다면, 식물도 그와 같은 운명에 처할 것이 분명하다.

* 둘 이상의 종이 서로의 진화에 상호 영향을 미치며 진화하는 현상–감수자.

이것은 실제로 특정 동물에게 씨앗 운반을 맡긴 일부 식물에서 일어난 일이다. 그 동물종이 멸종되자, 그동안 그들에게 씨앗을 맡겼던 식물은 일정 시점에 이르러 자손을 퍼뜨리는 데 심각한 어려움에 봉착했다. 이 식물 중 일부는 동물 파트너와 마찬가지로 사라졌고 일부는 오늘날 부적절하고 기이한 특징을 유지한 채 위험한 관계를 맺으면서 간신히 살아남았다.

멸종되고 없는 동물들에게 맞춘 이러한 식물 적응을 진화론적 시대착오*라고 하며 이런 현상은 생각보다 훨씬 더 흔히 볼 수 있다. 예를 들어, 많은 식물종은 스스로를 방어하거나 이미 멸종된 동물을 유혹하기 위해 맞춰진 적응 방식을 유지한다. 매우 일반적인 종인 유럽호랑가시나무*Ilex aquifolium*를 한번 살펴보자. 4~5미터 높이에 있는 잎 가장자리에 가시 모양의 톱니가 달린 모습은 시대착오적이다. 한때 유럽에서 매우 높은 곳에 달린 잎을 뜯어먹을 수 있는 큰 초식동물이 존재했을 때, 이 방어 전략은 확실히 이치에 맞았다. 하지만 오늘날 유럽에서는 그 어떤 동물도 그렇게 높은 곳에 매달린 잎을 뜯어먹을 수 없다.

위와 같은 시대착오는 크게 문제될 것이 없다. 이런 적응이 쓸모없는 것은 사실이지만, 그렇다고 이것이 식물의 생명에 직접적인 영향을 미치는 것은 아니니까 말이다. 하지만 그것이 번식의 영역과 관련이 있을 경우, 결과는 극적으로 나타날 수 있다. 예를 들어,

* 진화론적 시대착오evolutionary anachronism라는 일반이론은 1982년 《사이언스Science》에 실린 "Neotropical Anachronisms: The Fruit the Gomphotheres Ate"라는 제목의 논문에서 식물학자 다니엘 얀젠Daniel Janzen과 지질학자 폴 S. 마틴Paul S. Martin이 처음으로 표현한 진화 생물학의 개념이다.

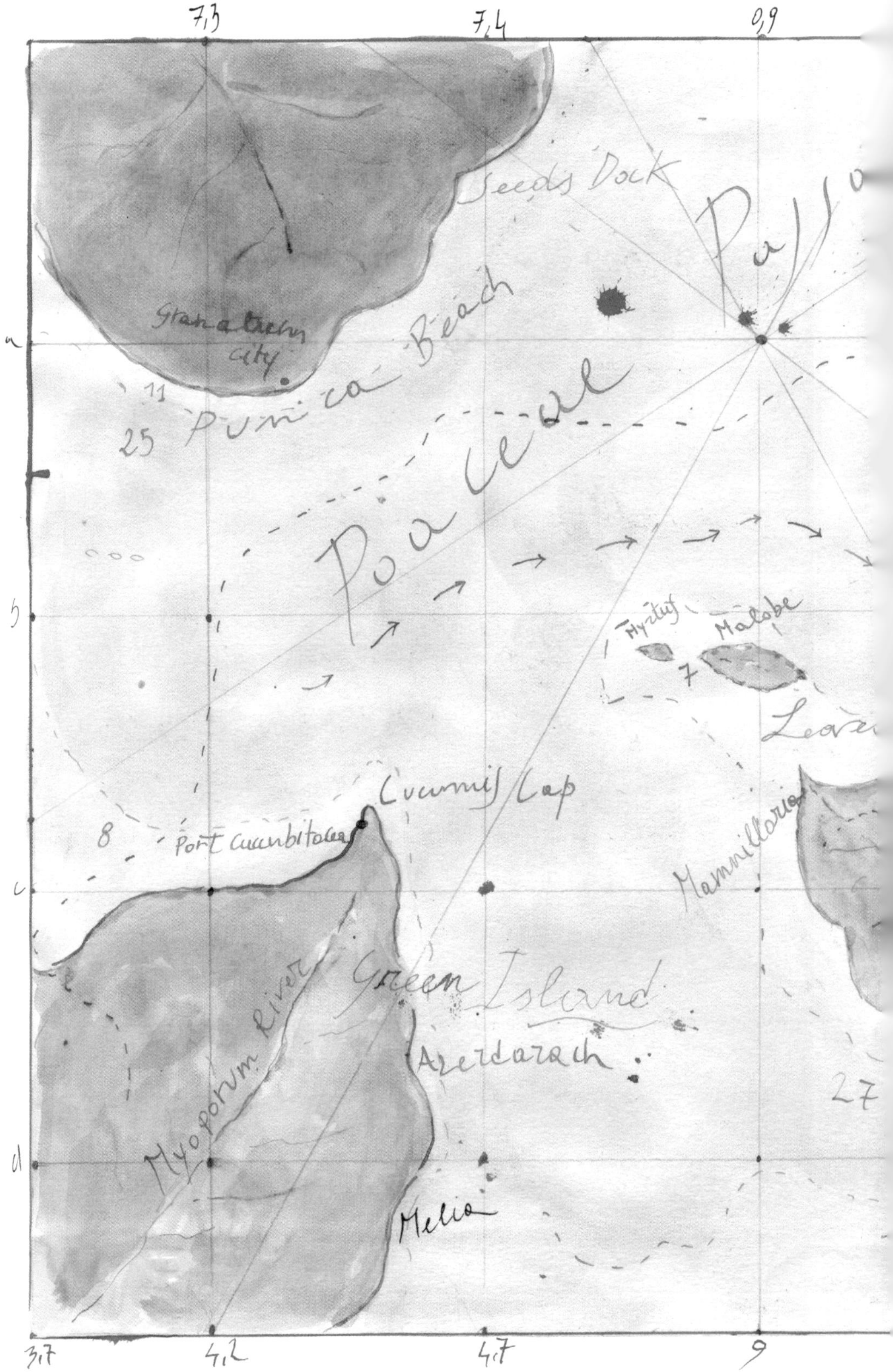

7,3
7,4
0,9

Seeds Dock

Gran a tum city

a

11

Punica Beach

25

Poa ceae

b

Myrtus

Malobe

7

Cucumis Cap

8

Port Cucurbitacea

Mammillaria

c

Green Island

Myoporum River

Azedarach

27

d

Melia

3,7
4,2
4,7
9

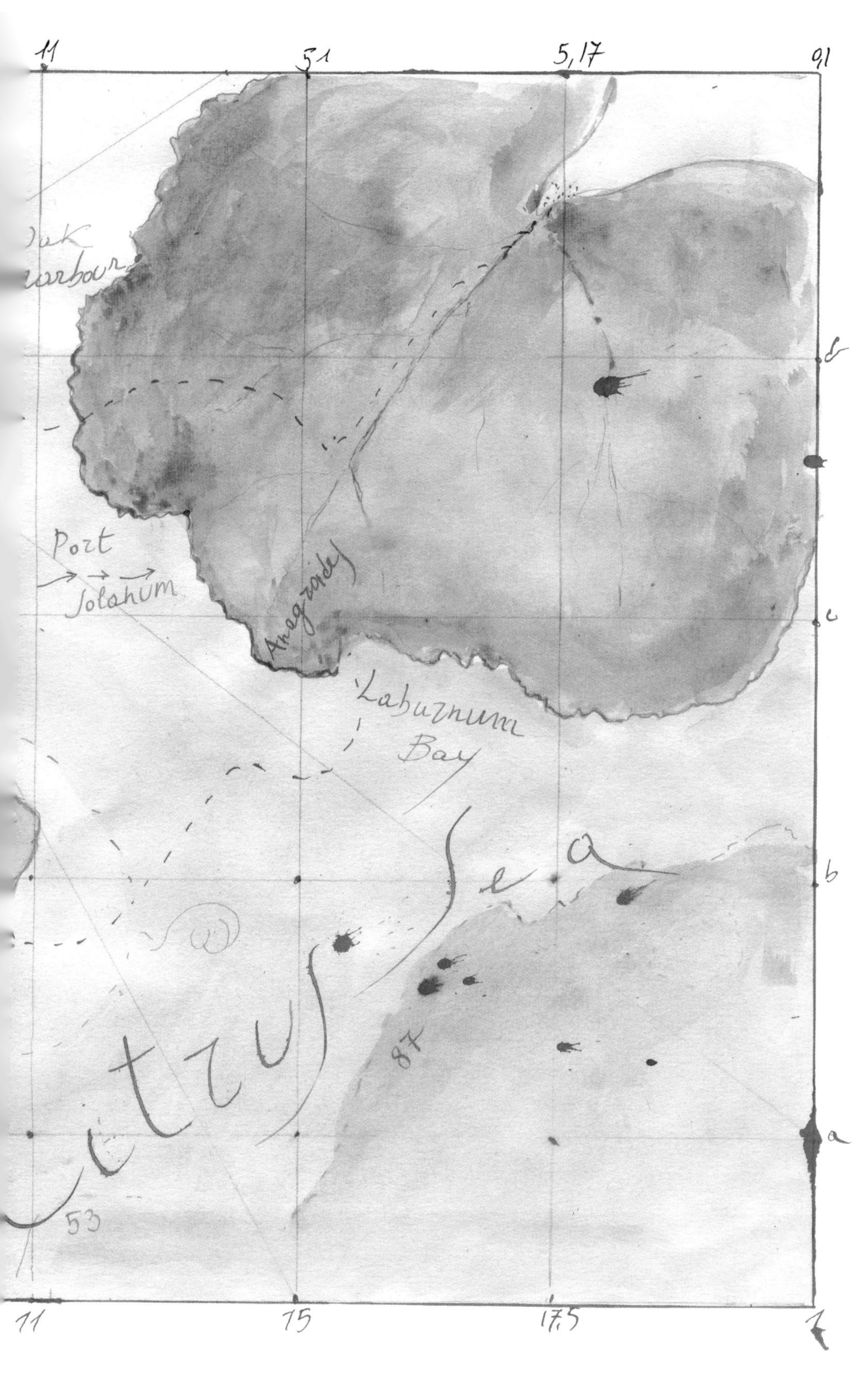

11
51
5,17
91
Oak
Harbour
Port
Solanum
Anagroides
Laburnum
Bay
Sea
87
53
b
c
a
11
15
17,5

거대한 씨앗은 식물종의 생존력에 부정적인 영향을 미치는 만큼 분명히 시대착오적이다. 수천 년 전에 존재한 동물들만이 통째로 삼킬 수 있을 것 같은 크기이기 때문이다. 확산을 보장해주던 동물을 잃은 이러한 시대착오적 종의 일부는 다른 동물과 새로운 관계를 구축함으로써 살길을 찾았다. 극히 일부의 종은 매우 효율적이고 광범위한 운반체인 인간과 관계를 맺었다. 이는 종의 생존뿐만 아니라 전례 없는 확산력 또한 보장해주었다.

01
멸종 직전에 구원받은 생존자들

식물이 풍부한 과육과 달콤한 향기, 거기다 맛까지 좋은 형형색색의 큼직한 과일을 생산하는 것은 다 그만한 목적이 있어서다. 씨앗을 담는 껍데기에 불과한 열매에 이렇게 많은 에너지를 투자해야 할까 하는 생각도 든다. 하지만 그게 아니라면 아마도 이 큰 열매는 실제로 수행해야 할 역할들이 있었을 것이다. 이를테면 모든 동물을 유혹하여 그들이 자신을 통째로 삼키게 한 뒤 배설을 통해 씨앗을 어미나무로부터 멀리 옮기도록 하는 역할 말이다. 만약 크고 화려한 열매를 생산하는 나무의 열매가 썩어서 바로 나무 밑에 떨어지면, 확산 전략에 문제가 생겼음을 의미한다. 종의 생존 전략에 이보다 더 안 좋은 시나리오는 없다.

동물에게 씨앗의 운반을 맡기지 않는 식물은 보통 아주 작은 열매를 생산하는데, 종종 거의 보이지 않을 정도다. 씨앗이 바람에 의해 흩날려야 하는 경우라면, 열매의 크기를 키울 필요가 없다. 오히려 크기가 너무 크면 확산에 방해가 될 뿐이다. 반대로 동물을 운반체로 택한 식물은 열매 생산에 많은 에너지를 투자한다. 이러한 노력에도 식물이 씨앗을 퍼뜨리지 못하면 분명 곤경에 처하게 된다. 어미나무의 발치에 열매가 쌓이게 되면 대다수의 씨앗은 부패병이 생겨 생명력을 잃을 것이다. 운이 아주 좋아서 씨앗이 발아에 성공한다 치더라도, 어린나무는 빛이 거의 없어 생존 가능성이 희박한 환경, 말 그대로 어머니의 그늘에 가린 채 자랄 것이다. 나무에서 떨어진 열매를 동물이 소비하지 않은 건 그 열매를 먹는 동물이 더 이상 존재하지 않기 때문이다. 비교적 오랫동안 동물에게 생존력을 의지하던 개별 식물이 예기치 않게 동물 파트너를 잃으면, 식물은 멸종을 맞이할 게 뻔하다.

사실 모든 것은 자연의 순환 고리로 연결되어 있다. 얼핏 불가사의해 보이는 이 간단한 법칙에는 다음과 같은 추론이 가능하다. 한 종의 멸종은 그 자체가 극적일 뿐 아니라, 그 종의 일부인 시스템에도 예측할 수 없는 결과를 가져온다. 예를 들어, 약 1만 3천 년 전까지 아메리카 대륙에는 엄청난 숫자의 거대 동물이 살고 있었다. 이 동물들의 수와 다양성은 쉽게 상상할 수 없을 정도다. 우리가 스티븐 스필버그의 영화에서처럼 거대 동물들을 되살릴 수 있다면 그들의 수에 압도될 것이다. 그 당시에는 어깨높이가 3미터인 티타노틸로푸스*Titanotylopus*와 같은 거대한 낙타, 맥이라고도 불리는 다양한 종의 테이퍼tapir, 멧돼지의 일종인 페커리peccary, 거대한 땅늘보를 어느 곳에서나 만날 수 있었을 것이다. 사향소로 알려진 부테리오booterio, 들소와 사향소 중간 크기의 유세라테리오euceraterio, 웅장한 뿔이 달린 사슴머리에 무스 비슷하게 생긴 케르발케스*Cervalces*, 매머드, 멸종한 코끼리 마스토돈mastodon까지….

여기서 끝이 아니다. 거대 비버, 거북과 생김새가 비슷한 글립토테리움*Glyptotherium*, 톡소돈*Toxodon* 또는 스테고마스토돈*Stegomastodon*과 같은 거대 동물, 도에디쿠루스*Doedicurus*[머리와 등이 단단한 갑골로 뒤덮여 있고 긴 꼬리에 가시가 돋은 포유동물] 및 글립토돈*Glyptodon*[등과 옆구리가 육각형의 비늘딱지와 뼈판으로 덮여 있는 포유동물]과 같은 유사 아르마딜로, 멸종된 말 속인 히피디온*Hippidion*, 그리고 그들의 포식자인 거대한 육식동물로 '검치호랑이'라고도 불린 스밀로돈*Smilodon*, 검치호의 종으로 현생 사자와 비슷한 크기의 호모테리움*Homotherium*과 매우 큰 맹금류의 일종인 테라토르니스과*Teratornithidae* 같은 거대 조류도 만날 수 있을 것이다.

인간의 입장에서 덩치가 엄청나게 큰 그 새는 어쩌면 《걸리버 여행기》에 나오는 소인국 사람들에게 걸리버와 같은 존재였을 것이다. 그 거대 동물들의 갑작스러운 멸종에 우리는 책임이 있는 것처럼 보인다.[2] 그 존재를 증명하는 화석만 남기고 그들은 눈 깜짝할 사이에 흔적도 없이 사라졌다. 어떤 사람들은 기후변화가 원인이라고 생각한다. 설령 그렇더라도 대부분의 학자는 인간의 아메리카 대륙 상륙이 수천만 년 동안 그 땅을 밟고 살아가던 동물들의 갑작스러운 멸종을 유발한 원인이라는 데 만장일치로 동의한다.

약 1만 3천 년 전 북아메리카에서만 메가파우나megafauna(체중이

44킬로그램 이상인 동물)[3)]로 묘사할 수 있는 33종의 포유류가 멸종된 것으로 추정된다. 인간은 사냥을 통해 지구상에서 모든 대형 초식동물을 제거해나갔다. 그들은 포식자로서 초식동물 제거 작업이라는 자신의 역할을 충실히 수행했고, 그로 인해 파생된 일련의 사건들로 결국 초식동물들은 단 한 마리도 남지 않았다. 식물 또한 동물과 비슷한 재앙에서 자유로울 수 없었다.

흔히 멸종에 관해 이야기하면서 동물에 한정하고 식물에 흥미를 갖지 않는 경향이 있는데, 그것은 지구의 생명을 위해 식물이 얼마나 근본적으로 중요한 존재인지 알지 못하기 때문이다. 식물이 사후에 뼈를 남기지 않아 동물보다 연구하기가 훨씬 어렵다는 문제도 있다. 역사의 특정 시점에서 식물종의 멸종을 밝히려면 보통 아주 작은 화분립花粉粒, 즉 꽃가루 알갱이에 기반을 둔 정교하고 장기적인 분석이 필요하다.

식물은 동물보다 적응력이 뛰어나지만 많은 식물은 메가파우나가 사라짐과 동시에 멸종되었다. 그런데 동물의 멸종으로 심한 타격을 받고도 살아남은 식물들이 있다. 이 중에는 감이나 파파야처럼 우리에게 익숙한 종과 마클루라 포미페라*Maclura pomifera*[꾸지뽕나무속의 종]처럼 잘 알려지지 않은 종도 있다. 나무 서식지에서 살던 북아메리카 인디언 오세이지족의 이름에서 유래한 통속명을 가진 오세이지 오렌지osage orange는 멸종된 북아메리카 초식 메가파우나에게 아주 사랑받던 열매를 생산한다. 이 식물은 15센티미터 이상의 지름을 가진 구형의 다화과*를 가졌다. 마스토돈과 매머드가 사라졌을 때, 이 식물 역시 곤경에 빠지게 되었다. 한동안 야생마가 오세이지 오렌지의 열매를 먹기 시작해 이 종의 확산에 도움을 주었다. 그렇더라도 이 종의 감소 추세는 막을 수 없었다. 다행히도 오세이지 오렌지가 살아남을 수 있는 기회가 생겼다. 아주 단단한 가지와 가시, 초목의 조밀함 덕분에 미국의 식물 육종가들이 생울타리와 펜스용으로 선호하게 된 것이다. 철조망이 1874년보다 50년 더 일찍 발명되었더라면, 어쩌면 오늘날 오세이지 오렌지는 지구상에서 사라졌을 수도 있다.

오세이지 오렌지와 같은 어려움에 처했다가 구사일생으로 목숨을 건진 식물종이 있는데, 바로 오세이지 오렌지보다 훨씬 더 잘 알려진 아보카도*Persea americana*다. 아보카도 열매를 잘라보지 않은 사람은 고급스러운 케이스 안에 담긴 파베르제 달걀Fabergé egg[1891년 알렉산더 3세에게 바쳐진 달걀 모양의 보석함. 현재 러시아 모스크바 크렘린궁 무기고 박물관에 전시되어 있음]처럼 열매 한가운데 거대한 크기의 씨앗이 자리하고 있다는 것을 알 리가 없을 것이다. 이 남다른 씨앗의 크기가 종의 확산을 위한 것이라 하더라도 이해하기 힘들 정도다. 어떤 동물이 아보카도 열매 안에 들어 있는 씨앗을 손상시키지 않고 통째로 삼킬 수 있을까? 실제로 동물이 과일을 삼킨다고 해도 반드시 식물종의 씨앗 분산을 보장받는다고 장담할 수 없다. 씨앗은 손상되지 않고 무사히 동물의 소화관을 통과할 수 있어야 한다. 이 요건이 충족되지 않아, 아보카도를 포함한 많은 종은 자신의 씨앗이 손상된 경우 독성물질을 방출해 씨앗을 지킨다.

* 집합열매로 여러 개의 꽃이 밀집한 꽃차례가 성숙해서 하나의 열매로 된 것 – 감수자.

오늘날 미국에는 아보카도 열매를 통째로 삼킬 수 있는 초식동물은 존재하지 않지만, 1만 3천 년 전까지만 해도 그런 동물들이 엄청나게 많았다. 그중에는 4개의 엄니가 있는 코끼리류 곰포테레 gomphotheres, 3미터 길이의 아르마딜로인 글립토돈, 마지막으로 현생 코끼리 크기인 메가테리움 같은 거대한 땅늘보가 있었다. 그들의 멸종과 더불어 그와 덩치가 비슷한 모든 초식동물이 멸종의 바통을 이어받았다. 그리하여 아보카도는 돌연히 주요 파트너를 잃게 되었다. 커다란 씨앗을 순순히 받아들일 고객을 유치하는 게 쉽지 않았을 것이다.

아보카도의 운명은 정해져 있는 듯했다. 마스토돈이 없으니 그 식물의 멸종은 확실해 보였다. 그렇다고 완전히 절망적이지는 않았다. 아보카도의 경우에는 전혀 예상치 못한 동물인 재규어의 도움을 받을 수 있게 되었다. 아보카도의 지방질 과육에 매료된 이 육식동물은 훌륭한 운반체로 판명되었다. 재규어의 이빨은 먹잇감을 잡아 찢는 용도여서 아보카도의 귀중한 씨앗 손상을 막기에 이보다 더 완벽할 수 없었다. 큰 고깃덩어리를 삼키는 데 익숙한 턱은 아보카도 열매를 한입에 삼키는 데 적합한 것으로 밝혀졌다. 재규어가 결정적인 해결책이 될 수 없었지만, 더욱 효율적인 보급자와 새로운 계약이 체결되길 기다리는 동안 임시방편으로는 훌륭한 운반체였다. 재규어를 비롯한 몇몇 임시 운반체 덕분에 아보카도는 목숨을 연명했지만, 그럼에도 아보카도의 감소 추세는 막을 수 없었다. 아보카도가 모든 것을 잃었다고 생각하며 자포자기하고 있을 때, 완벽한 보급자인 인간이 나타나지 않았더라면 계속해서 줄어들다가 결국 멸종에 이르렀을지도 모른다.

스페인 사람들이 아메리카 대륙에 도착했을 때, 아보카도는 아주 한정된 지역에서만 서식하고 있었다. 궁지에서 벗어난 생존자 아보카도는 최초의 유럽 탐험가들에게 인정받은 열매가 됨으로써 전 세계로 빠르게 퍼지기 시작했다. 2016년 아보카도를 심은 지역은 전 대륙에 걸쳐 55만 헥타르(5500제곱킬로미터)가 넘는다. 아보카도가 성공가도를 달리고 있는 것만은 분명하다. '아보카도 토스트를 만들 때 하지 말아야 할 5가지 실수' 또는 '아보카도 토스트를 만들어 먹는 5가지 방법'의 레시피가 웹상에서 인기가 높은 것으로 보아 이 열매가 세계적인 요리의 소재라는 것은 확실하다. 매년 아보카도에 대한 수요는 지속적으로 증가하고 있을 뿐만 아니라 아보카도 전용 경작지도 늘어나고 있다.

그렇다면 아보카도의 삶은 탄탄대로일까? 그렇지 않다. 세상에 공짜는 없다. 인간과 관계를 맺는다는 것은 악마와의 거래를 의미한다. 조만간 영혼을 내놓게 될 것이다. 실제로 아보카도에게 이런 일이 일어났다. 모든 불행의 시작은 언제나 그랬듯 거대한 씨앗에서 출발한다.

거대한 검치호랑이를 성공적으로 사냥해나가던 인간에게도 그 열매의 씨앗은 성가신 존재였다. 씨는 아보카도 열매를 먹는 데 방해가 되었다. 인간은 양식에다 무슨 짓을 해왔는가? 이미 과거에 바나나·포도·토마토·감귤류 등 인간과 경솔하게 제휴한 종들에게 일어났듯, 아보카도 역시 시장의 구미에 맞게 씨 없는 열매로 전락할 지경에 이르렀다.

식물에서 씨앗 생산 능력을 박탈하면, 식물은 어떻게 어디서 얼마나 복제할 것인가를 결정하는 식품산업의 노예일 뿐, 더 이상 생명체가 아니다. 단순한 생산 수단이 되는 것이다. 나아가 이것만으로는 인간의 성에 차지 않았다. 씨 없는 식물은 더 이상 유성생식sexual reproduction이 아닌 식물의 생장만을 통해 어미나무와 유전적으로 동일한 클론[같은 유전정보를 가진 복제된 생물의 DNA 조각 또는 개체]을 생산하면서 복제할 수 있다. 종의 유전자 다양성이 사라지고 소수의 개체만이 수백만 번 번식된다. 이들 개체 중 하나가 기생충에 감염되거나 질병에 걸리면 모든 클론이 타격을 받을 수 있다. 현 시대를 예로 들어보면, 세계에서 생산된 씨 없는 바나나의 99퍼센트는 캐번디시cavendish 품종에서 나온다. 최근 새로운 곰팡이 변종이 발견되었는데 캐번디시 바나나 품종은 이에 속수무책인 것으로 밝혀졌다. 유전적 균일성으로 인해 실제로 전 세계 캐번디시 바나나 품종 전체가 위협받고 있다.

앞에서 언급한 악마와의 거래가 바로 이런 것이다. 2017년 영국의 슈퍼마켓 체인은 칵테일 아보카도cocktail avocados라는 이름의 껍질째 먹을 수 있는 5개들이 씨 없는 아보카도 팩을 팔기 시작했다. 그렇다. 우리가 바나나 씨앗을 본 적이 없듯이, 훗날 우리 아이들 역시 아보카도 안에 씨앗이 있었다고 상상조차 못할 것이다. 큰 열대 나무의 열매는 마스토돈의 식량에서 칵테일용 간식으로 새드 엔딩을 맞이한다. '세상의 영광은 이렇게 지나가는구나Sic transit gloria mundi'. [1409년 7월 피사에서 거행된 교황 알렉산더 5세의 대관식에서 처음 사용된 라틴어 문장. 속세의 영광은 금세 사라지는 순간일 뿐임을 의미한다. 이

말의 기원은 독일의 수사 토마스 아 켐피스Thomas à Kempis의 저서 《그리스도를 본받아De Imitatione Christi》에서 유래한 것으로 추측된다.|

02
도도새와 탐발라코크나무의 특별한 관계

모리셔스섬은 지상 최고의 낙원 중 하나로 손꼽힌다. 오늘날 모리셔스는 크게 훼손되었지만, 섬 남쪽의 거주민이 적은 지역이나 리조트가 없는 곳에서는 예전의 아름다움을 간직하고 있는 것으로 보인다. 20세기 초 모리셔스에 발을 들여놓은 사람들은 매력적인 세계에 도착했다는 인상을 받았을 것이다. 18세기에서 19세기 사이, 이 섬은 식물학자와 자연주의자들뿐만 아니라 신화를 노래하는 시인과 작가들도 반드시 찾아야 하는 곳이었다. 마크 트웨인Mark Twain은 "신은 모리셔스를 창조하고 난 뒤 천국을 만들었다."라고 말했다. 샤를 보들레르는 열대 지방에서 가장 오래된 식물원인 팜

플무스 식물원Pamplemousses botanical garden을 여행하는 동안 이곳에서 첫 번째 시 〈어느 크레올 부인에게À une Dame créole〉를 집필했다. 소설가 조지프 콘래드Joseph Conrad는 동인도회사의 선장이었을 때 모리셔스를 매우 자주 갔기 때문에 그곳에 대해 아주 잘 알고 있었다. 그는 모리셔스를 일컬어 '세계에서 엄청난 달콤함을 증류하는 진주'라고 묘사했다.

부인할 수 없이 아름다운 자연 경관과 열대 섬으로서의 다양한 매력은 이 섬이 수백만 년 동안 방해받지 않고 평행진화[공통의 조상에서 분기되어 나온 자손 집단들이 유사한 방향으로 진화되는 현상]한 동식물로 가득한 특별한 역사에서 비롯된다. 모리셔스를 찾아가는 것은 지속적인 진화 가능성에 대해 연구하는 실험실을 방문하는 것과 같다. 그 누구의 방해도 받지 않고 진행되던 이 '진화 실험'은 네덜란드가 모리셔스에 첫 정착지*를 세우기 시작한 1598년 중단되었다. 유럽인들이 섬에 도착했을 때 모리셔스는 상상 가능한 가장 환상적인 동식물로 가득한 마법의 섬이었다. 모리셔스섬의 식물 중에서 약 3분의 1은 모리셔스 자생식물이었다. 식물만큼 동물 또한 그 종이 아주 많았다. 이 소천지小天地는 유럽 정착민들이 전에 살았던 세계와는 다른 규칙을 따르고 있었다. 예를 들어, 덩치가 큰 육식 포식자가 없는 세상에서 새들은 비행 능력을 잃어 몸집이 커지고 느릿느릿 걸으며 육지에서 살도록 진화되었다. 이 섬에는 몸무게가 최대

* 이 섬은 아랍인들에게 이미 알려져 있었고, 적어도 10세기부터 디나 아로비Dina Arobi라고 불렸다. 1505년 그곳에 상륙한 포르투갈인은 'Ilha do Cerne(백조의 섬)'라고 불렀지만 실제로 그곳은 1598년 네덜란드의 최초 정착지가 될 때까지 무인도로 남아 있었다.

30킬로그램에 달하고 날지 못하는 비둘기목의 우람한 새인 전설의 도도새(《이상한 나라의 앨리스》*의 등장인물)처럼 평화롭고 온화한 새들이 많이 살고 있었다.

모리셔스를 최초로 방문한 사람들의 설명에 따르면, 큰 머리의 도도새는 경계심이 없어 자신을 죽음으로 몰아넣을지도 모를 새로운 섬 손님인 직립 보행자들을 전혀 두려워하지 않고 평화롭게 살고 있었다. 네덜란드인의 정착 후 1세기가 채 되기도 전에 모리셔스 도도새의 전체 개체수, 즉 전 세계 개체수가 절멸되었다. 일부는 도도새의 고기 맛이 역겨워서인 것 같기도 하지만 아무런 이유 없이 인간의 사냥으로 직접 죽임을 당하기도 하고, 일부는 막대한 사탕수수 재배에 유리하도록 도도새 서식지를 제거하는 바람에 멸종되었다.** 멸종의 마지막 원인은 인간이 이 섬의 섬세한 생태계에 개나 돼지 같은 동물을 들이면서 그 동물의 먹잇감으로 쓰기 위해 도도새들을 죽였기 때문이었다. 큰 부리를 가진 넓적부리앵무새를 포함한 수십 종에게도 도도새와 같은 슬픈 운명이 닥쳤다. 그중에 모리셔스거대거북이 있는데, 오늘날 남겨진 거대한 등딱지를 통해 그들의 크기를 짐작할 수 있다. 그 거북의 등에 두 명의 네덜란드 군인이 거뜬히 올라탔다는 기록이 몇 군데 남아 있다.

* 루이스 캐럴Lewis Carroll은 찰스 루트위지 도즈슨Charles Lutwidge Dodgson의 필명이었다. 캐럴은 《이상한 나라의 앨리스》의 도도새에게 심한 말더듬이였던 자신을 투영하여 법적 성인, '도-도도즈슨Do-DoDodgson'을 소개한 것으로 보인다.

** Anthony Cheke, Julian P. Hume, *Lost Land of the Dodo: The Ecological History of Mauritius, Reunion, and Rodrigues* (New Haven: Yale University Press, 2008)에서 마지막 도도새의 사망 연도를 1662년으로 언급한다. 다른 출처에서는 1681년으로 나와 있다.

이미 언급했듯이 현재 모리셔스섬에는 진화를 따르는 세계와는 다른 특별한 규칙이 있으며 자체적으로 그 방식을 고수하고 있다. 그 예로 이 섬에서 꽃의 주요 수분 조절제 역할을 하는 파란색 도마뱀을 들 수 있다. 그리고 씨앗은 도도새를 포함하여 자이언트거북[지금은 멸종된 모리셔스자이언트안장거북과 둥근모리셔스거대거북을 통틀어 지칭하는 것으로 보임], 넓적부리앵무새, 큰마스카렌날여우박쥐Greater Mascarene Flying Fox에 의해 퍼져나갔다. 그러나 많은 식물이 자신의 씨앗을 퍼트리는 데 중요한 역할을 하는 주요 파트너의 멸종으로 곤경에 처하게 되었다. 그런 식물 중에는 프랑스어로 탐발라코크tambalacoque(학명 *Sideroxylon grandiflorum*, 과거의 별칭은 칼바리아 마요르Calvaria major)라고 불리는 모리셔스섬의 고유종인 나무가 있다.

1977년 미국의 조류학자 스탠리 템플Stanley Temple은 《사이언스》에 도도새와 탐발라코크나무가 끊을 수 없는 관계[4]를 맺고 있다고 주장하는 연구 결과를 발표했는데, 이는 과학계에서 큰 논란거리가 되었고 연구 결과에 반대하는 의견이 분분했다. 템플의 주장에 따르면, 나무같이 두껍고 딱딱한 씨앗의 (겉)껍질이 도도새의 모래주머니에서 위산에 의해 분해되면서 그 흠집이 난 곳에 물이 침투하여 씨앗이 발아됐을 것이므로 도도새의 멸종과 함께 탐발라코크나무 역시 필연적으로 멸종하게 될 것이었다.

템플에게는 자신의 이론을 뒷받침할 만한 확실한 증거가 두 가지 있었다. 첫 번째는 모리셔스섬에 있는 탐발라코크나무의 개체수다. 템플에 따르면, 1977년에 남은 탐발라코크나무는 모두 열세 그루로, 수령이 300년이 넘은 것들이다. 따라서 그 나무들은 17세기 말 최후의 도도새가 멸종되기 전에 발아된 마지막 나무라는 것이다. 두 번째 증거는 첫 번째 증거보다는 좀 더 실험적인 성격이 강하다. 템플은 여러 면에서 도도새와 유사한 모래주머니를 가진 조류 중 덩치와 식성이 비슷한 칠면조를 찾아냈다. 이를 바탕으로 템플은 칠면조에게 17개의 탐발라코크 씨앗을 먹여 그들의 배설물에서 씨앗을 회수한 후 그중 3개를 발아시키는 데 성공했다.

템플의 이론은 그 자체로 모든 사람이 인정할 만한 매력을 지니고 있었고 합리적으로 보이기까지 했다. 게다가 《사이언스》와 같은 권위 있는 세계적 학술지에 실렸기 때문에 그의 이론은 삽시간에 전 세계로 퍼져나갔다. 그 후 수년 동안 진행된 일련의 연구는 템플의 이론에 일부 근거가 없음을 보여주었다. 우선 군락에 관련된 심층 분석을 통해 모리셔스섬의 탐발라코크나무는 템플이 조사한 숫자보다 훨씬 더 많이 서식하고 있는 것으로 밝혀졌다. 특히 이 중 다수는 템플의 이론을 뒷받침하는 데 필요한 300년의 수령보다 훨씬 어린 것으로 밝혀졌다. 물론 그 나무들의 건강 상태가 아주 좋지는 않았다.

탐발라코크나무는 멸종위기종으로 비록 생존 개체수가 템플이 주장하는 열세 그루보다 훨씬 많기는 하지만, 여전히 종의 안정적인 생존을 보장하는 데 필요한 최소 개체수에는 턱없이 부족한 실정이다. 열매를 주 먹이로 삼아 씨앗을 퍼뜨리는 많은 다른 동물과 마찬가지로 도도새의 멸종은 탐발라코크나무에 영향을 끼쳤음이 분명하다. 대부분 지역을 사탕수수와 코코넛야자 재배지로 바꿔 도도새의 원서식지를 파괴하는 것은 탐발라코크나무에도 멸종의 수

순을 밝게 했다.

종의 생존은 아주 예민한 문제다. 인류의 활동과 관련된 환경의 변화는 과거에 그랬듯이 앞으로도 훨씬 더 많이 다수의 유기 생명체에게 유해하다는 것이 입증되었다. 그 논제에 관한 최신 연구에 따르면, 특히 동물은 식물보다 적응력이 떨어지는 것[5)]이 확실해 보인다.

도도새와 탐발라코크나무 사이의 끈끈한 유대 관계에 대한 이야기는 결국 완벽한 사실이 아닌 것으로 밝혀졌지만, 템플의 연구는 동물의 멸종이 식물의 생명에 영향을 미칠 수 있음을 알리고 대중의 관심을 끄는 계기가 되었다. 템플의 논문 발표 이후 점점 더 많은 연구자가 이 주제를 다루기 시작했으며 충분히 그럴 만한 가치가 있는 심오한 연구가 계속 진행되면서 동식물 사이의 독특한 관계가 속속 드러나고 있다.

많은 수의 식물종과 독특한 관계를 유지하는 동물 중 하나는 코끼리다. 아프리카 식물군 가운데 많은 씨앗은 발아 전에 이 후피동물의 소화관을 먼저 통과해야 하는 것으로 보인다. 그 예로 옴파로카르품 엘라툼*Omphalocarpum elatum*[사포테과 식물]이 있다. 옴파로카르품*Omphalocarpum*은 '배꼽과일navel fruit'이라는 뜻으로 꼭지 아래쪽이 배꼽 모양을 하고 있다고 해서 붙여진 이름인데, 과일의 생김새를 보면 쉽게 이해가 된다. 이 식물은 탐발라코크나무의 친척이다. 둘 다 사포테과*Sapotaceae*[쌍떡잎식물 진달래목의 한 과]에 속하고, 옴파로카르품 엘라툼 또한 동물들과 안정적인 유대 관계를 형성하려는 특별한 성향을 보인다. 그러나 중앙아프리카 모리셔스가 원산지인 탐발라코크나무와는 전혀 다른 종이다. 실제로 그 나무의 줄기에는 부피가 아주 크고 무게 2킬로그램 정도 되는 무거운 열매가 달린다.

그러나 이것이 이 식물의 가장 독특한 특징은 아니다. 이 열매는 딱딱한 껍질로 싸여 있어 사실상 코끼리 외의 다른 동물은 깰 수 없을 정도로 견고하다. 최근 코끼리가 열매를 깨는 데 사용하는 기술이 공식적으로 증명되었는데, 코끼리는 엄니로 그 열매를 찌른 다음 나무의 밑동과 지면 틈새에 열매를 밀어 넣어 쪼갠다. 그 어떤 동물도 해낼 수 없는 복잡한 절차다. 열매가 땅에 쿵 하고 떨어지면서 숲에 울려 퍼지는 소리만으로도 코끼리를 끌어들이기에 충분하다. 이런 식으로 나무와 코끼리의 관계가 형성된다. 열매 떨어지는 소리에 이끌려 속이 꽉 찬 열매 한 덩어리를 먹으러 온 코끼리가 열매 쪼개기 작업에 열중하는 모습이 눈에 선하다. 코끼리가 멸종되면 동물에게 씨앗 확산을 의지하던 다른 멸종 식물종처럼 옴파로카르품 엘라툼 역시 그들과 똑같은 운명을 따를 것이다. 모든 생물종은 우리가 거의 알지 못하는 관계 네트워크를 형성하고 있다. 이러한 이유로 모든 생명 유기체는 보호되어야 한다. 생명은 우주에서 매우 귀한 상품이니까.

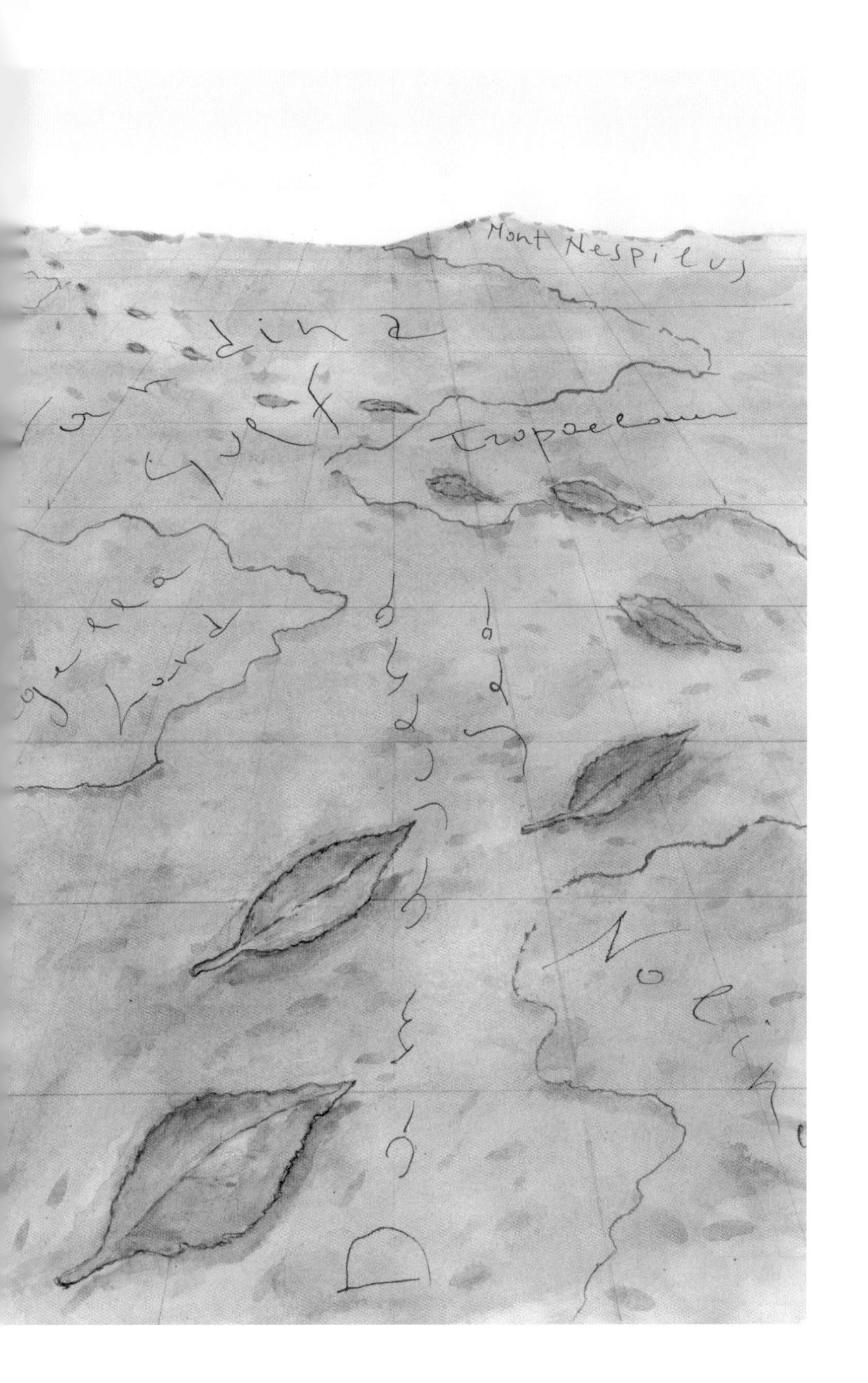

Mont Nespilus

Tropaeolum

참고 문헌

1장

1) Robert Decker, Barbara Decker, *Volcanoes*(New York: Freeman, 1997).

2) Þórarinsson Sigurður, "The Surtsey Eruption: Course of Events and the Development of the New Island", *Surtsey Research Progress Report* I, 1965, pp. 51-55.

3) Jonathan D. Sauer, *Plant Migration. The Dynamics of Geographic Patterning in Seed Plant Species*(Berkeley: University of California Press, 1988).

4) Thomas D. Brock, "Primary Colonization of Surtsey, with Special Reference to the BlueGreen Algae", *Oikos*, 24, 1973, pp. 239-243.

5) Sturla Fridriksson, Haraldur Sigurdsson, "Dispersal of Seed by Snow Buntings to Surtsey in 1967", *Surtsey Research Progress Report* iv, 1968, pp. 43-49.

6) Sturla Fridriksson, "Plant Colonization of a Volcanic Island, Surtsey, Iceland", *Arctic and Alpine Research*, 19, 4, 1987, pp. 425-431.

7) Katarina Klubicová, Maksym Danchenko, Ludovit Skultety, Ján A. Miernyk, Namik M. Rashydov, Valentyna V. Berezhna, Anna Pret'ová, Martin Hajduch, "Proteomics Analysis of Flax Grown in Černobyl' Area Suggests Limited Effect of Contaminated Environment on Seed Proteome", *Environmental Science & Technology*, 44, 18, 2010, pp. 6940-6946.

8) Dharmendra Kumar Gupta, Clemens Walther (eds.), *Radionuclide Contamination and Remediation Through Plants*(Berlin-Heidelberg: Springer, 2014).

2장

1) Bruce F. Benz, "Archaeological Evidence of Teosinte Domestication from Guilá Naquitz, Oaxaca", *PNAS*, 98, 2001, pp. 2104-2106.

2) Nicholas Culpeper, *The English Physician Enlarged or an Astrologo-Physical Discourse of the Vulgar Herbs of This Nation*, 1652.

3) Cynthia S. Kolar, David M. Lodge, "Progress in Invasion Biology: Predicting Invaders", *Trends in Ecology & Evolution*, 16, 4, 2001, pp. 199-204.

4) Stephen A. Harris, "Introduction of Oxford Ragwort, *Senecio squalidus L. (Asteraceae)*, to the United Kingdom", *Watsonia*, 24, 2002, pp. 31-43.

5) Salvatore Pasta, Emilio Badalamenti, Tommaso La Mantia, "Tempi e modi di un'invasione incontrastata: *Pennisetum setaceum(Forssk.) Chiov. (Poaceae)* in Sicilia", *Naturalista siciliano*, iv, xxxiv, 3-4, 2010, pp. 487-525.

6) ISSG database http://www.invasivespecies.net/

7) Pia Parolin, Stephanie Bartel, Barbara Rudolph, "The Beautiful Water Hyacinth *Eichhornia crassipes* and the Role of Botanic Gardens in the Spread of an Aggressive Invader", *Boll. Mus. Inst. Biol. Univ. Genova*, 72, 2010, pp. 56-66.

8) Jon Mooallem, "American Hippopotamus", *the Atavist Magazine*, 32, 2013, https://magazine.atavist.com/american-hippopotamus.

3장

1) Charles Darwin, "On the Action of Sea-Water on the Germination of Seeds", *Botanical Journal of the Linnean Society*, 1, 1856, pp. 130-140.

2) Jonathan S. Friedlaender et al., "The Genetic Structure of Pacific Islanders", *PLoS Genetics*, 4, 1, 2008.

3) Pablo Muñoz-Rodríguez et al., "Reconciling Conflicting Phylogenies in the Origin of Sweet Potato and Dispersal to Polynesia", *Current Biology*, 28, 2018, pp. 1246-1256.

4) Robert Nieuwenhuys, *Mirror of the Indies: A History of Dutch Colonial Literature*(Amherst: University of Massachusetts Press, 1982).

5) Bianca A. Santini, Carlos Martorell, "Does Retained-Seed Priming Drive the Evolution of Serotiny in Drylands? An Assessment Using the Cactus *Mammillaria hernandezii*", *American Journal of Botany*, 100, 2, 2013, pp. 365-373.

6) Suzanne Simard et al., "Resource Transfer Between Plants Through

Ectomycorrhizal Fungal Networks", Thomas R. Horton (ed.), *Mycorrhizal Networks*(Dordrecht: Springer, 2015), pp. 133-176.

7) Peter J. Edwards et al., "The Nutrient Economy of Lodoicea maldivica, a Monodominant Palm Producing the World's Largest Seed", *New Phytologist*, 206, 2015, pp. 990-999.

4장

1) Gwyn Davies, "Under Siege: The Roman Field Works at Masada", *Bulletin of the American Schools of Oriental Research*, 362, 2011, pp. 65-83.

2) Aries Issar, *Climate Changes During the Holocene and Their Impact on Hydrological Systems*(Cambridge: Cambridge University Press, 2003).

3) Sarah Sallon, Elaine Solowey et al., "Germination, Genetics, and Growth of an Ancient Date Seed", *Science*, 320, 2008, p. 1464.

4) Jane Shen-Miller et al., "Long-Living Lotus: Germination and Soil Gamma-Irradiation of Centuries-Old Fruits, and Cultivation, Growth, and Phenotypic Abnormalities of Offspring", *American Journal of Botany*, 89, 2002, pp. 236-247.

5) Norman Polmar, "Stalin's Slave Ships: Kolyma, the Gulag Fleet, and the Role of the West (review)", *Journal of Cold War Studies*, 9, 2007, pp. 180-182.

6) Svetlana G. Yashina, Stanislav V. Gubin, E.V. Shabaeva, E.F. Egorova, Stanislav V. Maksimovich, "Viability of Higher Plant Seeds of Late Pleistocene Age from Permafrost Deposits as Determined by 'in vitro' Culturing", *Doklady Biological Sciences*, 383, 2002, pp. 151-154.

5장

1) Paul J. Crutzen, “Geology of Mankind”, *Nature*, 415, 2002, p. 23.

2) Will Steffen, Wendy Broadgate, Lisa Deutsch, Owen Gaffney, Cornelia Ludwig, “The Trajectory of the Anthropocene: The Great Acceleration”, *The Anthropocene Review*, 2, 1, 2015, pp. 81-98.

3) Gerardo Ceballos, Paul R. Ehrlich, Rodolfo Dirzo, “Biological Annihilation Via the Ongoing Sixth Mass Extinction Signaled by Vertebrate Population Losses and Declines”, *PNAS*, 114, 2017, https://doi.org/10.1073/pnas.1704949114.

4) Simon Lewis, Mark A. Maslin, “Defining the Anthropocene”, *Nature*, 519, 2015, pp. 171-180.

5) Paul J. Crutzen, Eugene F. Stoermer, “The Anthropocene”, *Global Change Newsletter*, 41, 2000, pp. 17-18.

6) Chris S.M. Turney et al., “Global Peak in Atmospheric Radiocarbon Provides a Potential Definition for the Onset of the Anthropocene Epoch in 1965”, *Scientific Reports*, 8, 2018.

6장

1) Mike D. Swaine, Thomas Beer, “Explosive Seed Dispersal in Hura Crepitans L. (Euphorbiaceae)”, *New Phytologist*, 78, 1977, pp. 695-708.

2) Marc A. Carrasco et al., “Graham Quantifying the Extent of North American Mammal Extinction Relative to the Pre-Anthropogenic Baseline”, *Plos One*, 4, 12, 2009, https:// doi.org/10.1371/journal.pone.0008331.

3) Paul S. Martin, Richard Klein (eds.), *Quaternary Extinctions: A Prehistoric Revolution*(Tucson: University of Arizona Press, 1984).

4) Stanley A. Temple, "Plant-Animal Mutualism: Coevolution with Dodo Leads to Near Extinction of Plant", *Science*, 197, 1977, pp. 885-886.

5) Matthias Schleuning et al., "Ecological Networks Are More Sensitive to Plant than to Animal Extinction Under Climate Change", *Nature Communications*, 7, 2016.

식물, 세계를 모험하다

초판 1쇄 발행 2020년 11월 30일
초판 3쇄 발행 2022년 12월 15일

지은이 스테파노 만쿠소
옮긴이 임희연
감수자 신혜우
삽화 그리샤 피셔

발행인 김기중
주간 신선영
편집 백수연, 정진숙
마케팅 김신정, 김보미
경영지원 홍운선

펴낸곳 도서출판 더숲
주소 서울시 마포구 동교로 43-1 (04018)
전화 02-3141-8301~2
팩스 02-3141-8303
이메일 info@theforestbook.co.kr
페이스북·인스타그램 @theforestbook
출판신고 2009년 3월 30일 제 2009-000062호

ISBN 979-11-90357-51-7 (03480)

※ 잘못된 책은 구입하신 곳에서 바꾸어 드립니다.
※ 책값은 뒤표지에 있습니다.
※ 독자 여러분의 원고를 기다리고 있습니다. 출판하고 싶은 원고가 있는 분은 info@theforestbook.co.kr로
기획 의도와 간단한 개요를 연락처와 함께 보내주시기 바랍니다.

이 도서의 국립중앙도서관 출판예정도서목록(CIP)은 서지정보유통지원시스템 홈페이지(http://seoji.nl.go.kr)와
국가자료공동목록시스템(http://www.nl.go.kr/kolisnet)에서 이용하실 수 있습니다.
(CIP제어번호: CIP2020047160)